Ravikumar Kurup
Parameswara Achutha Kurup

Wodniczka Przodkini Wszelkiego rodzaju

Ravikumar Kurup
Parameswara Achutha Kurup

Wodniczka Przodkini Wszelkiego rodzaju

Prymitywny Wszelki Świat Kobiet

Wydawnictwo Bezkresy Wiedzy

Cover image: www.ingimage.com

Publisher:
Wydawnictwo Bezkresy Wiedzy
is a trademark of
International Book Market Service Ltd., member of OmniScriptum Publishing Group
17 Meldrum Street, Beau Bassin 71504, Mauritius

Printed at: see last page
ISBN: 978-620-0-81614-6

Z Półwyspu Indyjskiego Pochodzenie Życia - Wodna Kobieta Przodkinierka Wszelkiego rodzaju Ludzkości - Prymitywny Świat Wszelkich Kobiet

RAVIKUMAR Kurup A. i Parameswara Achutha Kurup

Centrum Badań nad Zaburzeniami Metabolicznymi
TC 4/1525, Gouri Sadan, Kattu Road
Na północ od Cliff House, Kowdiar PO
Trivandrum, Kerala, Indie
Email: ravikurup13@yahoo.in

Spis treści

ROZDZIAŁ 1 1

ROZDZIAŁ 2 40

ROZDZIAŁ 3 70

ROZDZIAŁ 4 85

ROZDZIAŁ 5 106

ROZDZIAŁ 6 111

ROZDZIAŁ 7 129

ROZDZIAŁ 8 139

ROZDZIAŁ 1
Z PÓŁWYSPU INDYJSKIE POCHODZENIE ŻYCIA - WODNA KOBIETA - PRZODEK CAŁEJ LUDZKOŚCI - PRYMITYWNY CAŁY KOBIECY ŚWIAT

Dominujący model kobiecej ewolucji człowieka stawia pytanie, kto wyewoluował pierwszy - mężczyzna czy kobieta. Oryginalne skamieniałości gatunku ludzkiego są w przeważającej mierze żeńskie, a skamieniałości męskie ewoluowały po miliardach lat. Oryginalny gatunek ludzki stanowiłby skupisko samic dwunożnych w wodach bagiennych żerujących na bulwach lilii wodnych i lotosu oraz rybach, małżach i skorupiakach. Wodne pochodzenie dwunożności i gatunku ludzkiego wskazuje na dominującą rolę samicy w ewolucji człowieka. Anatomia ciała samic z wiszącymi gruczołami sutkowymi i zaokrąglonymi gluteriami jest przeznaczona do unoszenia się na wodzie i pływalności, a nie do seksualnego przyciągania. Prowadzi to do ginekocentrycznego podejścia do ewolucji, w przeciwieństwie do podejścia androcentrycznego. Ewolucja była w zasadzie przeznaczona do ochrony i wychowania dzieci. Ludzie ewoluowali na bagnach, w wodach zacofanych i morzu i nie są biologicznie ani społecznie gorsi od mężczyzn. Kobiety mogą rozmnażać się poprzez partenogenezę jak zwierzęta niższe. Dlatego naturalne jest, że samice tego gatunku rozwijają się jako pierwsze. Relacje seksualne w takich społeczeństwach tylko w primodialnych czasach były lesbijskie. Ewolucja samców nastąpiła w późniejszym czasie. Następny etap ewolucji człowieka został postulowany jako międzygatunkowe hybrydy. W ten sposób powstałyby międzygatunkowe hybrydy samców i samic. Hybrydy międzygatunkowe doprowadziłyby do rozwoju samców i samic tego gatunku. Ssaki wodne, takie jak krowy, byki, świnie, słonie, nosorożce, żółwie, krokodyle, węże wodne i żółwie olbrzymie przyczyniłyby się do powstania międzygatunkowych mieszańców. Wygenerowałoby to populację dwunożnych samców i samic na bagnach o różnych rodzajach interakcji seksualnych - heteroseksualnych, biseksualnych, homoseksualnych i lesbijskich. Różnorodność genetyczna jest wymagana, aby gatunek mógł przetrwać. Tak więc heteroseksualność jako sposób zachowania seksualnego stałaby się akceptowalna dla społeczeństwa jako takiego. Wskazuje to na hybrydyzację międzygatunkową odgrywającą ważną rolę w ewolucji. Wskazuje to na ginekocentryczny, wodny tryb ewolucji i przyczyniłby się do powstania idei bogini-matki w cywilizacji.

Partenogeneza somatyczna zachodzi w wyniku przekształcenia komórki somatycznej w pluripotencjalną komórkę macierzystą, która może rozwinąć się w zarodki partenogenetyczne. Wynika to z hybrydyzacji dwóch różnych gatunków homo neanderthalis i homo sapiens. Ta międzygatunkowa hybrydyzacja powoduje konflikt wewnątrzgatunkowy i partenogenezę. Partenogeneza może być wywołana przez stres związany ze zmianami klimatycznymi oraz przez endosymbiotyczne archaiki i wiroidy RNA. Konflikt wewnątrzgatunkowy będący konsekwencją hybrydyzacji międzygatunkowej prowadzi do upodmiotowienia tryptofanowych szlaków katabolicznych, wytwarzając zwiększoną ilość kynureniny, immunosupresję i ucieczkę immunologiczną zarodków partenogenetycznych. Hybrydyzacja międzygatunkowa i konflikt wewnątrzgatunkowy skutkuje ekspresją genów reptilianu i syntezą digoksyny. Digoksyna produkowana przez archaiki endosymbiotyczne prowadzi do zwiększonego transportu tryptofanu i katabolizmu nad tyrozyną. Zwiększony katabolizm kynureniny u neandertalczyków powoduje ucieczkę immunologiczną i wzrost endosymbiotyczny w archawach. Endosymbiotyczny wzrost neandertalczyków powoduje neandertalizację gatunku. Neandertalizacja gatunku i hybrydyzacja międzygatunkowa oraz konflikty wewnątrzgatunkowe skutkują porfiriami i zwiększoną percepcją EMF na niskim poziomie za pośrednictwem porfirii, zanikiem korowym i dominacją móżdżku. Wywołuje to móżdżkowe zaburzenia poznawcze afektywne z cechami autystycznymi, impulsywnością, agresywnością, pożądaniem władzy, zwiększonym popędem seksualnym, alternatywną seksualnością, przestępczością, cechami kanibalistycznymi i anarchicznymi obyczajami społecznymi. Gatunki neandertalczyków dzięki endosymbiotycznemu wzrostowi archeologicznemu i transformacji komórek macierzystych miały aseksualny tryb rozmnażania z partenogenezą. Skutkuje to dominacją samic, zespołem amazońskim, kulturą męskich eunuchów i matriarchią. Hybrydyzacja międzygatunkowa i konflikt wewnątrzgatunkowy skutkuje fenotypem SLOS z obniżoną syntezą cholesterolu. Powoduje to zmniejszenie syntezy hormonów płciowych, co prowadzi do aseksualności i naprzemiennej seksualności. Neandertalczycy byli matriarchalnymi i czczą matkę boginię. Ekspresja genów reptilianów i fenotyp SLOS powodują powstawanie cech serpentynowych. Geny dla prymitywnego kompleksu mózgu reptilianów wyrażają się agresją, przemocą, impulsywnością, kanibalizmem, anarchią, niemoralnością, żądzą władzy i dominacji. Fenotyp SLOS powoduje rozwój cech prymitywnych, takich jak rozwój ogona lub cauda, rozszczepu podbródka, widocznych cienkich długich zębów i kłów, piegów, łusek w skórze i syndaktycznie lub taśmowo. Synteza digoksyny i zmniejszenie transportu tyrozyny powoduje zmniejszenie syntezy dopaminy i melaniny, przyczyniając się do powstania plemienia białych bogów anarchicznych. Ekspresja genów reptilianów i synteza digoksyny prowadzi do nadpobudliwości współczulnej i zdolności do regulowania temperatury ciała w zależności od temperatury otoczenia, co powoduje zimną krew. Archaika indukuje fruktolizę i fruktozemię dzięki indukcji reduktazy aldozowej, co prowadzi do zwiększonej syntezy lipidów i mukopolisacharydów oraz zespołu hibernacji, przyczyniając się do otyłości i zwiększenia ilości tkanki tłuszczowej podskórnej, jak u gadów. Ewolucja żebra szyjki macicy, wierzchołka wdowy w brwiach okulistycznych i wydatnego drugiego palca u stóp spowodowana jest wzrostem cech recesywnych wynikających z chowu wsobnego. Hodowla wsobna jest wynikiem fenotypu autystycznego oraz zmniejszonego kontaktu społecznego i społecznego wycofywania się. Ten autystyczny fenotyp z chowem wsobnym i partenogenezą prowadzi do zmniejszenia różnorodności genetycznej i wymierania neandertalczyków. Neandertalczycy mają zwiększoną podskórną tkankę tłuszczową, łuszczącą się skórę, co jest częściowo spowodowane albinizmem i ekspozycją na promieniowanie UV, a także syntetycznym defektem cholesterolu, zwiększonym wydzielaniem soli przez ekrynowe gruczoły potowe oraz dominującym szlakiem tryptofanowym i syntezą serotoniny wytwarzającej szyszynkę lub trzecie oko. Wzmożony katabolizm tryptofanowy wywołuje epidemiczny zespół oshtorana. Neandertalizacja prowadzi do powstania epidemicznego zespołu anarchicznego. Neandertalizacja wywołuje również zespół męskiego eunucha i matrilinealizmu. Neandertalczycy byli w większości przypadków partenogenetyczni. Mózgowe zaburzenie poznawcze afektywne i aktynoidalny archaiczny magnetyt i porfirion indukowane postrzeganiem kwantowym skutkowały równością i uniwersalnością. Prymitywne plemiona neandertalczyków są reprezentowane przez Sasów, Saków, Basków, Etrusków, Drawidów, Celtów i Berberów. Najbardziej dominującym plemieniem neandertalczyków są Anglosasi, którzy stworzyli równe społeczeństwo z uniwersalną kulturą amerykańską, uniwersalnym językiem angielskim, uniwersalnym systemem monetarnym reprezentowanym przez dolara oraz zjednoczeniem wszystkich grup etnicznych w amerykańskim marzeniu o tolerancji i inkluzywności. Neandertalczycy mieli cechy węży, a kultury neandertalskie na całym świecie są reprezentowane przez kult węży, co widać na przykładzie Sumerii, Drawidiuszów z południowych Indii, Toma z Egiptu i Meksyku. Plemiona Naga i Naga lore z południowych Indii reprezentują kulturę neandertalską. Współczesna wersja kultów węży widoczna jest w symbolu zawodu lekarza, przedstawieniu dolara i w wolnym murze. Wolne murarstwo anglosaskie obejmuje wszystkie religie i jest pierwszą uniwersalną religią i jest neandertalskie. Populacje neandertalczyków były reprezentowane przez poszczególne grupy krwi, uniwersalny dawca O Rh -ve i AB Rh - ve, uniwersalny odbiorca.

Fenotyp neandertalczyka daje wskazówki co do pochodzenia człowieka. Plemiona Naga w południowych Indiach były hipotezowane, że pochodzą ze starożytnej lemuryjskiej masy ziemskiej, która została rozbita przez tsunami i trzęsienia ziemi. Pozostałości fenotypu neandertalskiego można zobaczyć u australijskich aborygenów, nowozelandzkich Maorysów, Dravidiańskich Tamilów i Nairów. Społeczeństwa te są w przeważającej mierze matriarchalnymi i wężowymi wyznaniami. Homo neandertalczyk być może powstawał w Lemuriański oceanarium masa popierać the teoria the wodny małpa początek ludzie. Przyjęta teoria o pochodzeniu człowieka postuluje pochodzenie człowieka od naczelnych na afrykańskich sawannach. Kilka punktów daje wskazówkę co do pochodzenia gatunku ludzkiego z wody. Zachowanie neandertalczyków można porównać do zachowania małp bonobo lub lemurów widzianych na starożytnym kontynencie lemuriańskim. Homo neandertalczyk pochodziłby od małp bonobowatych w zacofanych wodach Lemurii komunikujących się z morzem. Małpy bonobo z powodu braku pokarmu zaczęłyby żerować w zacofanych wodach i w morzu na ryby i bulwy lilii wodnych. Ryby te zawierają niezbędne kwasy tłuszczowe, takie jak kwas dokoza heksaenowy, a bulwy zawierają dużo węglowodanów. Mózg jest uzależniony wyłącznie od węglowodanów i ciał ketonowych dla energii. Niezbędne kwasy tłuszczowe zwiększają wzrost mózgu. Wzrost mózgu u ludzi nazywa się encefalizacja, która jest bardziej niż u naczelnych i jest równoznaczna ze wzrostem ssaków morskich, takich jak delfiny i wieloryby. Małpy bonobo wlatywały do wody i stały w wodzie generując zjawiska dwunożności. Uwolniłoby to ich ręce do łowienia ryb i łamania skorupiaków w celu wytworzenia pożywienia. Uwolniłoby to również ręce do zbierania i zjadania bulw roślin wodnych. Gatunkom ludzkim, w przeciwieństwie do naczelnych, brakuje włosów, ale podobnie jak ssakom wodnym. Gatunki ludzkie mają zwiększoną zawartość tłuszczu podskórnego, podobnie jak ssaki wodne i w przeciwieństwie do ssaków naczelnych. Ludzie mają ekrynowe gruczoły potowe i gruczoły łzawiące przydatne w środowisku wodnym. Tchawica ludzka jest umieszczona w dolnej części szyi, w przeciwieństwie do tchawicy u ssaków naczelnych, gdzie jest bardziej nosowa. Język ludzki wskazuje na wodne pochodzenie dla gatunku ludzkiego. Aby język ludzki mógł się rozwijać, musisz świadomie kontrolować swój oddech, który nie istnieje u ssaków naczelnych, ale u ludzi i ssaków wodnych. Ludzie mają odruch nurkowy. Gładka skóra z nielicznymi włosami i grubym tłuszczem podskórnym jako izolacja wskazuje na wodne pochodzenie dla ludzi takich jak wieloryby i delfiny wodne. Również nogi i ręce z pajęczyną wskazują na pochodzenie wodne. Gruczoły łojowe z ich tłustą wydzieliną wskazują na wodoszczelność u ludzi i pochodzenia wodnego. Homo neanderthalis w odróżnieniu od homo sapiens jest raczej typem pływania w wodzie. Homo neanderthalis miał dłuższe płuca i zwiększoną pojemność oddechową, co pomagało mu nurkować w wodzie i pływać w niej. Homo neanderthalis z uwagi na fenotyp SLOS i albinizm miał niedobór witaminy D. Witamina D jest syntetyzowana z cholesterolu. Homo neandertalczyk był cienki w porównaniu z homo sapiens bogatym w witaminę D. Długie płuca i cienka kość pomagały homo neandertalczykom unosić się w wodzie. Pochodzenie zatok przynosowych polegało na tym, że gatunek ludzki trzymał głowę nad wodą. Zachowania seksualne człowieka są jak u ssaków wodnych i w przeciwieństwie do ssaków naczelnych z przednią częścią populacji. Wszystkie te różnice wskazują na wodne pochodzenie człowieka lub hipotezę o wodnym pochodzeniu małpy. Homo neandertalczyk pochodzi od małp bonobo Lemuriańskich, które wlatywały do wody w poszukiwaniu pożywienia. Zachowania seksualne i rozwiązłość małp bonobo oraz alternatywna seksualność są porównywalne z homo neanderthalis. Homo neanderthalis powstaje w wyniku archeologicznej endosymbiozy. Wody oceanu i rozlewisk są bogate w morskie archaiki, które są zdolne do acetogenezy i metanogenezy. Wody zacofane i morze półwyspu południowoazjatyckiego są bogate w aktynowce, bathyarchaeota. Są one zdolne do acetogenezy i są źródłem węgla organicznego. Aktynowce tworzyłyby rusztowania do tworzenia złożonych cząsteczek życia, takich jak RNA, DNA, białko, izoprenoidy i złożone węglowodany. To produkowałoby wiroidy RNA, wiroidy DNA, izoprenoidalne organizmy i priony na aktynowskich powierzchniach, które miałyby symbiozę do tworzenia archaicznych i ewentualnie wielokomórkowych organizmów. Organizmy wielokomórkowe powstające na abiogenetycznych powierzchniach aktynidalnych w połączeniach wsteczno-oceanicznych widzianych w południowych Indiach półwyspu, które oderwały się od lądu lemuryjskiego, wyewoluowałyby w eukarioty, prokarioty, wielokomórkowe organizmy i symbiotyczne rośliny/zwierzęta. Małpy bonobo lemuryjskie wyewoluowałyby w homo neandertalis na skutek archaicznej endosymbiozy na aktynowych wybrzeżach zacofanych, jeziorach i oceanach półwyspu indyjskiego. Resztki homo neanderthalis widziane są u australijskich aborygenów, Maorysów i Dravidian, którzy są matriarchalnymi i wężowymi czcicielami. Wodna małpa i homo neandertalczyk ewoluowałyby w aktynowskich piaszczystych brzegach zacofanych wód i jeziorach Lemurii i półwyspu Indyjskiego. Społeczności Dravidian są matriarchalne i żeńskie dominujące. Tam być wysoki stopień consanguinity i inbreeding w Dravidian matrilineal społeczność. Parthenogeneza był dominująca w takich społecznościach z matriarchicznymi zespołami produkującymi męskie eunuchy i oshtoran syndromy. Homo neanderthalis jadł dietę mięsożerną. Zęby były dłuższe w porównaniu z homo sapiens, a kły wyraźniejsze niż kły węży. Krowy i byki były udomowione przez homo neandertalczyków, którzy pierwotnie byli myśliwymi i wojownikami polującymi na mamuty. Udomowienie krów i byków powodowało wysokie spożycie mleka i mięsa, w tym wołowiny. Doprowadziło to do wykształcenia się dorosłej populacji odpornej na laktozę. Gen tolerancji na laktozę powstał 12 000 lat temu. Związek pomiędzy krowami a neandertalczykami można określić jako pasożytniczą symbiozę obligatoryjną. Pochodzenie kultu krów i byków w półwyspie indyjskim może być z nim powiązane. Zwiększone spożycie mięsożernego mleka i mięsa powodowało zwiększone spożycie tryptofanów i katabolizm, generując więcej kynurenin produkujących immunosupresję i ucieczkę immunologiczną niezbędną do partenogenezy. Tłumienie immunologiczne powodowało również zimną krew neandertalczyków do przetrwania w zimnym, wodnistym klimacie. Elementy tej kultury są nadal widoczne w matriarchalnych Dravidian społeczności półwyspu indyjskiego. Aktynoidalne brzegi morza i zacofane brzegi półwyspu Indie są miejscem, z którego pochodzi homo neandertalczyk lub małpa wodna. Kultura Półwyspu Dravidiańskiego jest matriarchalna i tradycje religijne nadal trwają z kulturą czczenia wężów. To może być nazwany jako syrena kultury. Teoria małp wodnych znajduje echo w kulturze półwyspu indyjskiego. Istniały małpie królestwa z małpami wodnymi budującymi nawet mosty lądowe w morzu, co zostało zauważone w eposie Ramajana. W tym kontekście istotny jest mit o Hanumanie i jego armii wojowniczych naczelnych lub małp wodnych. Wojownicze małpy wodne miały zbudować most lądowy między Sri Lanką a półwyspem Indiami. Wojownicze małpy wodne miały królestwa rządzone przez takich królów jak Bali i Sugreeva. Naczelne wojowniczki były inteligentne, mogły poruszać się po oceanie i namorzynach i zachowywały się jak wodne małpy. Homo neanderthalis i gatunek ludzki pochodziły z zacofanych wód południowego krańca Indii. Były odkrycia paleolitycznych miejsc w Kerali, zwłaszcza w północnej i środkowej części Kerali. Wskazuje to na pochodzenie homo neanderthalis i gatunku ludzkiego z **południowych Indii.**

Bezwłosość ludzka, gruby tłuszcz podskórny, pajęczyny w stopach i palcach, kształt nozdrza - wszystko to wskazuje na wodniste pochodzenie rasy ludzkiej na namorzynowych bagnach, zacofalniach i morzach. Obecność odruchu nurkowego u ludzi, pocenie się, łzawienie, opadanie krtani ludzkiej w szyi, wzorce układu włosowego, obecność błony dziewiczej i kazeiny vernix u dzieci takich jak foki wskazują na wodniste pochodzenie dla człowieka. Zachowania reprodukcyjne ludzi z populacją czołową, taką jak ssaki wodne, wskazują na wodniste pochodzenie u ludzi. Małpy człekokształtne zeszły z drzew i przeszły przez fazę akwaborealistyczną, gdzie przebiły się przez bagna żerując na mięczakach, owocach i rybach wytwarzających dwunożne zwierzęta. Konieczność wydalania dużej ilości soli w wodzie morskiej lub słonawej prowadzi do powstania łez i ekrynowych gruczołów potowych. Nos ludzki jest wystający w przeciwieństwie do nosa ssaków naczelnych, aby chronić go przed wodą. Ludzka bezwłosość, gęsty podskórny tłuszcz i pocenie się wskazują na wodniste pochodzenie dla człowieka i dwunożność. Encefalizacja mózgu była spowodowana dużym spożyciem kwasów tłuszczowych omega-3 i omega-6 z ryb. Ludzka szczęka jest krótka z krótkimi zębami, w przeciwieństwie do szympansów wskazujących na jedzenie morskiej żywności. Wszystkie nagie ssaki są wodne jak delfin, manatee, słoń, świnia i nosorożec. Ludzie są jedynymi nagimi małpami. Zwiększony podskórny tłuszcz lub blubber u niemowląt ludzkich i maź płodowa u niemowląt wskazują na wodniste pochodzenie dla gatunku ludzkiego. Ludzie mają gruczoły łzawiące i gruczoły potowe, które wydalają sól w środowisku morskim. Dzieci ludzkie są pulchne z 16-procentową zawartością tłuszczu w organizmie, a mleko ludzkie zawiera 25-procentową zawartość tłuszczu. Dzieci przewracają się na swoim ciele i pływają w wodzie z nosem w powietrzu. Fakt, że ludzkie dzieci potrafią pływać, wskazuje na wodniste pochodzenie dla gatunku ludzkiego. Ręka szympansa jest lekka i mocna do zwisania z drzewa. Ręka ludzkiego dziecka jest zbyt ciężka i słaba i może chwytać się za włosy matki podczas pływania w wodzie. Ludzkie dzieci wykształciły reakcję chwytania dla tego typu ewolucji. Samica gatunku ludzkiego ma długie, tłuste, pokryte łojem włosy na skórze głowy. Niemowlęce szympansy mają mocną szyję, która jest utrzymywana na stałym poziomie. Ludzkie dziecko osiąga stabilną szyję w wieku sześciu miesięcy, ale jeśli dziecko zostanie umieszczone w wodzie, szyja staje się silna. Ludzka mowa powstała w wyniku świadomej kontroli oddychania, której szympans nie jest w stanie osiągnąć. Mowa zawdzięcza swoje powstanie również położeniu krtani w szyi. Szczypce chwytające człowieka zostały opracowane w celu wydobywania mięsa z muszli ryb i małży, co nazywane jest precyzyjnym chwytem. Teoria ta została wysunięta przez Elaine Morgan. W rozlewiskach znajdują się lilie wodne i bulwy, których korzenie były spożywane przez prymitywnych ludzi wraz z rybami, małżami, ślimakami i rybami w skorupkach. Korzenie i liście lilii wodnej i lotosu zawierają alkaloidy, takie jak nupharyn i aporfina, które są psychoaktywne i wywołują stan snu neandertalczyków. The lotos i lilie wodne kojarzyć z tworzenie mit jak the słońce Bóg Ra wyłaniać się od the lotos w primordial woda i the Brahma the twórca siedzieć na the lotos. Homo neandertalczyk pojawił się jako pierwszy na lemurskiej ziemiance, która była bardziej podobna do wielkiej wyspy, podatnej na rozbijanie się na niezależne lądowiska z powodu rozległych tsunami w tym regionie. Doprowadziło to do chowu wsobnego u neandertalczyków, co doprowadziło do utraty różnorodności genetycznej i ekspresji genów reptiliańskich. Przyczyniłoby się to również do ewentualnego wyginięcia neandertalczyków. Małpa wodna pojawiłaby się jako homo neandertalczyk na lądzie lemuriańskim i w jego odosobnionych regionach, takich jak zacofane wody połączone z morskimi regionami Kerali z piaskami aktynowców. Wskazuje na to trwałość społeczeństwa matrilinowego w Dravidianach z Kerali i wykrywanie endosymbiotycznych archaicznych we krwi populacji Kerali. Psychometryczny iloraz neandertaliczny jest wysoki w populacji Kerala z dużą częstością występowania autyzmu. Matematyczność i pokrewieństwo jest powszechne w populacji Dravidian Nair w Kerali. Drawidianie mają tendencję do posiadania fenotypu neandertalczyka. The Dravidian Nairs postulować mieć Scythian początek. Kult wężów, muzyka wężowa i tańce wężowe są powszechne w Kerali. Społeczności w Kerali są w większości mięsożerne i spożywają wołowinę. Kultura w Kerali jest bardziej tolerancyjna i Keralici migrują na całym świecie i mieszają się z różnymi społecznościami. Tolerancja i inkluzywność jest cechą ilorazu NQ. Świątynie wężowe są szeroko rozpowszechnione w Kerali. Kerala ma większą częstość występowania neandertalskich sekwencji genomowych związanych z chorobami takimi jak autyzm, schizofrenia, ADHD, uzależnienia, zespół metaboliczny, choroby autoimmunologiczne i nowotwory. To jest kuszące, aby zlokalizować pochodzenie wyprostowanej małpy wodnej w rozległych zacofanych wodach i jeziorach Kerala z jego połączeń z morzem i jego aktynowców piasku bogate brzegi. Wody zacofane są bogate w świeże ryby i małże i lilie wodne i lotosy dając bulwy i korzenie. Homo neanderthalis wyewoluował z archeologicznej endosymbiozy i archaiki morskie są dominujące w morzach Oceanu Indyjskiego i zacofalniach Kerali. Kult węża jest dominującym tematem w kulturze Dravidian Nair, a wąż Bóg Anantha jest dominującym bóstwem. To kusi nas do spekulacji na temat pochodzenia dwunożności, gatunku ludzkiego i homo neandertalczyków w Kerali. Homo neanderthalis i gatunek ludzki pochodziłby z zacofanych wód południowego krańca Indii, Kerali. Dokonano odkryć paleolitycznych miejsc w Kerali, zwłaszcza w północnej i środkowej części Kerali. Wskazuje to na pochodzenie homo neanderthalis i gatunku ludzkiego z południowych Indii.

Pochodzenie małpy wodnej wskazuje na dominującą rolę samicy tego gatunku w ewolucji człowieka. Ludzkie teorie ewolucyjne skupiają się na samcach zbieraczy myśliwych i narzędziowców. Wodne pochodzenie bipedalizmu i gatunku ludzkiego wskazuje na dominującą rolę kobiety w ewolucji człowieka. Anatomia ciała samic z wiszącymi gruczołami sutkowymi i zaokrąglonymi gluteriami jest przeznaczona do unoszenia się na wodzie i pływalności, a nie do seksualnego przyciągania. Prowadzi to do ginekocentrycznego podejścia do ewolucji, w przeciwieństwie do podejścia androcentrycznego. Ewolucja była w zasadzie przeznaczona do ochrony i wychowania dzieci. Ludzie ewoluowali na bagnach, w wodach zacofanych i morzu i nie są biologicznie ani społecznie gorsi od mężczyzn. Homo neandertalczycy mają cechy odmienne od szympansów. Wzorce społeczne homo neanderthalis można porównać do małp bonobo. Społeczeństwo małp bonobo jest skupione na samicach i egalitarne. Seks jest częścią relacji społecznych i służy jako substytut agresji. Małpy bonobo mają różne rodzaje seksualności heteroseksualnej, od samca do samca i od samicy do samicy. Częstotliwość interakcji seksualnych jest większa, ale tempo rozrodu małp bonobo jest takie samo jak szympansów. Szympansy rozwijały się na otwartej, suchej sawannie, podczas gdy małpy bonobo nadal żyły na drzewach i wisiały na drzewach. Drzewiaste siedlisko małp bonobo prowadzi je do ewolucyjnej formy życia, w której mogą zwisać z namorzynowych drzew na bagnach i ostatecznie brodzić w wodzie. Małpy bonobo są małpami świniowatymi, których samce ważą 43 kg, a samice 33 kg. Są wszystkożerne i jedzą owoce, małą ilość kręgowców i bezkręgowców. Mają fantazyjną zabawę i uprawiają seks w pozycjach misyjnych. Mają bardzo zróżnicowaną seksualność i zachowania grupowe. Seks był środkiem do nawiązywania stosunków społecznych. Samice bonobo łączyły się między sobą i prowadziły wspólnotę. Mężczyzna bonobo jest przywiązany do swojej matki i zależy od niej w kwestii ochrony przez całe życie. Społeczeństwo bonobo można porównać do matriarchalnego żeńskiego dominującego społeczeństwa neandertalskiego. Homo neandertalczyk i gatunek ludzki pochodziłby z zacofanych terenów południowego krańca Indii. Wskazuje to na pochodzenie homo neanderthalis i gatunku ludzkiego z południowych Indii. Społeczeństwo w Kerali jest w przeważającej mierze matriarchalne i żeńskie. Stanowi to dowód antropologiczny dla tej hipotezy.

Dominujący model kobiecej ewolucji człowieka stawia pytanie, kto wyewoluował pierwszy - mężczyzna czy kobieta. Oryginalne skamieniałości gatunku ludzkiego są w przeważającej mierze żeńskie, a skamieniałości męskie ewoluowały po miliardach lat. Pierwotnym gatunkiem ludzkim było skupisko samic dwunożnych w wodach bagiennych żerujących na bulwach lilii wodnych i lotosu oraz rybach, małżach i skorupiakach. Samice mogą rozmnażać się poprzez partenogenezę jak zwierzęta niższe. Dlatego naturalne jest, że samice gatunku rozwijają się jako pierwsze. Związek seksualny w takich samicach tylko w primodialnych społeczeństwach był lesbijski. Ewolucja samców nastąpiła w późniejszym czasie. Model macho ewolucji człowieka z samcem łowcy i samcem narzędziowca oraz samicą wspólnikiem ewoluującym razem jest bardzo mało prawdopodobny. Kolejny etap ewolucji człowieka został postulowany jako międzygatunkowe hybrydy. Został on przedstawiony przez Eugene'a McCarthy'ego. McCarthy wskazał na kilka cech mężczyzn ludzi podobnych do świń. Organy wieprzowe mogą być przeszczepiane ludziom bez odrzucenia. Świnie takie jak ludzie są bezwłose, mają grubą warstwę podskórnego tłuszczu, wystający nos i ciężkie rzęsy oczu. Genetyczna sekwencja świń zawiera podobny element SINE ALU jak u ludzi. Zjawisko przekraczania bariery gatunkowej jest reprezentowane przez powstawanie epidemii świńskiej grypy u ludzi. Wczesna dwubiegunowa samica tylko gatunku ludzkiego wygenerowałaby międzygatunkowe mieszańce świń ludzkich. W ten sposób powstałyby międzygatunkowe mieszańce samców i samic. Organ płciowy samca odpowiada ogonowi ssaków. Podobnie organy płciowe takich gatunków jak węże odpowiadają pączkom kończyn. Zarodek ludzki w różnych stadiach rozwoju można porównać do ryb, płazów i zwierząt niższych. Międzygatunkowa hybryda doprowadziłaby do rozwoju samca i samicy tego gatunku. Ssaki wodne, takie jak krowy, byki, świnie, słonie, nosorożce, żółwie, krokodyle, węże wodne i żółwie olbrzymie przyczyniłyby się do powstania międzygatunkowych hybryd. Wygenerowałoby to populację dwunożnych samców i samic na bagnach o różnych rodzajach interakcji seksualnych - heteroseksualnych, biseksualnych, homoseksualnych i lesbijskich. Różnorodność genetyczna jest wymagana, aby gatunek mógł przetrwać. Tak więc heteroseksualność jako sposób zachowania seksualnego stałaby się akceptowalna dla społeczeństwa jako takiego. Opisano koniugację bakteryjną i archeologiczną z komórkami ludzkimi. Chimery ludzi i zwierząt zostały wyprodukowane w laboratoriach. W laboratoriach ludzkich wytworzono międzygatunkowe hybrydy i wyprodukowano populacje. Międzygatunkowe mieszańce obejmują dzo między jakiem a bydłem, zubron między krową a żubrem, cama między wielbłądem a illamą, jakulo między jakiem a bawołem, owce-kozy i muły. Przykładem tego jest Roślina Małp Człekokształtnych. Międzygatunkowe mieszańce byłyby chronione przed izolacją i zniszczeniem przed- i po-cygotycznymi zjawiskami immunosupresji i ucieczki immunologicznej za pośrednictwem tryptofanu katabolitu kynureniny. Dieta ryb w wodach bagiennych jest bogata w tryptofan. Hinduski mit o stworzeniu ryby Matsya, żółwia Koorma, dzika Varaha i lwa Narasimha wskazują na pokolenie międzygatunkowych hybryd jako główny linczowy punkt ewolucji. Pokolenie ludzkiej struktury mózgu również zależy od międzygatunkowej hybrydyzacji. Kompleks reptiliański mózgu jest dominujący u neandertalczyków. Kompleks reptilianów jest widoczny u amniotów, do których należą ssaki, gady i ptaki. W skład kompleksu wchodzą zwoje podstawne, pnia mózgu i móżdżek. Stanowi to podstawę zaburzeń poznawczych móżdżku afektywnych u neandertalczyków. Mózg reptilianów jest miejscem wyobraźni, intuicji, instynktu, kompulsywności i marzeń. Komunikuje się on za pomocą symboli i archetypów. Jest miejscem obsesyjnego nieładu kompulsywnego, przesądów, rytuałów, niewolnictwa i konformacji do wszelkich czynności. Jest to miejsce terytorialności, agresji, rasizmu, przemocy i hiperseksywności. Kompleks reptiliański dominuje u płazów, ryb i gadów. Mózg neandertalski ma zanik kory mózgowej i dominację móżdżku. Mózg gadów i geny gadów raptiliańskich dominują u neandertalczyków, co wskazuje na hybrydyzację międzygatunkową pierwszych ewoluujących samic neandertalskich i tylko samic matriliniowych społeczeństwa neandertalskiego. Hybrydy międzygatunkowe oznaczają znaczenie nawet palcowych zwierząt kopytnych, takich jak świnie i bydło, w kulturze i religii człowieka. Do kopytnych parzystokopytnych zalicza się bydło, świnie, jelenie, wielbłądy, owce, kozy i hipopotamy. Kopytne parzystokopytne to nosorożec i konie. Walenie wodne, takie jak wieloryby, delfiny i purpura, wyewoluowały z parzystych zwierząt kopytnych. Delfiny mogą komunikować się z ludźmi. Walenie wodne i nawet palce tworzą razem rodzinę zwaną cetardiodactyla. Parzystokopytne tworzą duże grupy społeczne z hierarchią, grupami haremowymi i kawalerskimi. Zaznaczają swoje terytorium poprzez wydzielinę gruczołową. Zwierzęta kopytne potrafią pływać, a wieloryby i delfiny galopować w wodzie. Antygeny świń są bardzo podobne do antygenów ludzkich, a organy świń mogą być ksenotransplanowane na ludzi. Odrzucenie jest spowodowane obecnością retrowirusa u świń, który infekuje ludzi. Celowe usunięcie retrowirusowego DNA od świń sprawia, że świnia jest cennym źródłem do przeszczepu organów. Retrowirusowo usunięta świnia została sklonowana i rozwinięta do embrionów i wszczepiona do loch. Świnie służą jako rezerwuar dla ludzkich narządów do przeszczepów. Organy wieprzowe mogą być przeszczepione ludziom, jeśli są uodpornione na surowicę ludzką. Surowica końska jest wykorzystywana do wytworzenia przeciwciał przeciwko tężcowi i anty-venom węża. Spożywanie wołowiny prowadzi do rozwoju choroby prionowej u ludzi. Insulina świńska może być wstrzykiwana ludziom, a zastawki serca świń mogą być przeszczepiane ludziom. Produkty krowie, takie jak mleko, gnój i mocz, są stosowane jako leki dla ludzi. Ludzkie komórki macierzyste wstrzykiwane do embrionów świń powodują rozwój chimer ludzkich świń. Ta ludzka chimera wieprzowa może być użyta do przeszczepu organów. Rozwój ludzkich zarodków chimery ludzkiej i płucnej wskazuje na znaczenie hybrydyzacji międzygatunkowej w ewolucji człowieka. Oznacza to kult krowy jako Kamadhenu lub matki bogini w kulturze hinduskiej, kult Wisznu, dzika jako jednego z awatarów Wisznu oraz religijny związek pomiędzy szatanem a świniami w religiach semickich. The Hinduski gwiazda znak w religia i astrologia mieć figuratywny zwierzę przedstawienie. Wskazuje to na międzygatunkową hybrydyzację odgrywającą ważną rolę w ewolucji.

Małpa wodna ewoluowała od małp bonobo do homo neandertalczyków w słonawych wodach tylnych półwyspu Indyjskiego. Neandertalczycy wyewoluowali przez archeologiczną endosymbiozę. Archaiki mogą utleniać cholesterol i amoniak dla swojej energii. Archaiki wyewoluowały w komorach hydrotermicznych w oceanie, a amoniak powstał z azotu z siarczkiem żelaza jako katalizatorem. Ciekły amoniak może zastąpić wodę jako rozpuszczalnik życia. W wyniku amidowania mogą powstawać amidy, które mogą tworzyć polipeptydy. Ciekły amoniak może zastąpić wodę w DNA i RNA. Prymitywne archaiki uzyskują energię poprzez utlenianie amoniaku. Pochodzenie życia na innych planetach i galaktykach również wykorzystywałoby amoniak jako rozpuszczalnik. Pierwotny prymitywny organizm byłby organizmem izoprenoidalnym. Acetyl CoA może tworzyć się na powierzchniach aktynowych przez mechanizmy abiogenetyczne i generować związki izoprenoidalne, takie jak cholesterol i ubichinon. Utlenianie cholesterolu za pomocą katalizatora aktynowego może generować pirogronian będący konsekwencją utleniania pierścieniowego. Pirogronian przez transaminację może generować glutaminian, który może być odwodorniony do produkcji amoniaku. Utlenianie amoniaku może służyć energetyce archeologicznej. Amoniak może łączyć się z dwutlenkiem węgla w celu wytworzenia mocznika, który służy jako forma magazynowania amoniaku. Synteza mocznika została wykazana w mózgu neandertalskim i do pewnego stopnia w mózgu homo sapien i jest związana z zaburzeniami neurodegeneracyjnymi. Słoność krwi wskazuje na pochodzenie życia w wodzie, zwłaszcza w wodzie słonawej z wód zacofanych. Słonawe wody jezior komunikujących się z morzem mogą generować cząsteczki organiczne. Jeziora przylegające do wulkanów mogą generować cykle mokro-suche, które mogą prowadzić do abiogenezy. Brackish jeziora przylegające do wulkanów można zobaczyć na starożytnym kontynencie lemuriańskim w Oceanie Indyjskim, którego częścią są półwysep Indie. Najbardziej prymitywnym protocellem byłaby kropla zdolna do podziału i replikacji. Stanowi to podstawę pierwszej membranowej teorii pochodzenia życia. Kropelki lipidowe utworzone z izoprenoidów byłyby prymitywną protokomórką lub organizmem izoprenoidalnym. Włączenie ubichinonu pozwoliłoby na prymitywny łańcuch transportu elektronów i syntezę ATP. Kropelki lipidowe to prymitywne organelle komórkowe widoczne w ludzkich komórkach. Komórka powstaje jako układ symbiotyczny, w którym mitochondria są riketsją, szkielet cytologiczny jest spirochaetą, komórka otacza archaea, peroksysom acinetobacter aceti, a jądro wirusem ospy. Organizmem izoprenoidalnym byłby pierwotny prymitywny protoarchaea. Cholesterol zostałby utleniony do produkcji pirogronianu i amoniaku. Utlenianie amoniaku zapewniłoby energetykę archaicznej kropli lipidów. Ubichinon służyłby do celów prymitywnego łańcucha transportu elektronów. Organelle kropli lipidowych mogą oddziaływać z lizosomami, mitochondriami, jądrem i siateczką endoplazmatyczną. Kropla lipidowa składa się z neutralnych lipidów, trójglicerydów i estrów sterylowych w siateczce endoplazmatycznej. Kropla lipidowa jest organelą komórkową. Kropelki lipidowe zawierają również białka i są pęcherzykami składowymi zapobiegającymi ich degradacji. Kropelki lipidowe mogą wchodzić w interakcje z porfirynami, o czym świadczy farnezylacja hemu. W wyniku izoprenylacji porfiryny mogą zostać włączone do kropli lipidowych. Porfjrion może mieć funkcję łańcucha transportu elektronów. Porfjrion może służyć jako wzorzec do tworzenia RNA i DNA. W ten sposób kompleksy porfirów z kropelkami lipidów służyłyby jako wydajne protocele, które ewoluowały w eukarioty, prokarioty i archaiki. Lipidowe kropelkowe kompleksy porfirów mogą również prowadzić do ewolucji RNA i wirusów DNA. Kropelki lipidowe służą jako organelle komórkowe do replikacji wirusów, co zostało udowodnione przez wirusa HCV. Lipidowe kropelki służą jako organelle komórkowe do replikacji wirusów, co zostało udowodnione przez wirusa HCV i wirusa dengi. Kropelki lipidowe są pobierane przez takie bakterie jak Chlamydia, tworzące inkluzje bakteryjne. Kropla lipidowa byłaby pierwotną, prymitywną kroplą lipidową, która po pokryciu skóry porfirami generowałaby sekwencje RNA i DNA, a także polipeptydy tworzące bardziej złożone archaiki. Kompleksy porfirów w postaci kropli lipidowych służyłyby do abiogenetycznej replikacji archetypów z porfirami służącymi jako wzorce. Lipidowe kompleksy porfirów w kroplach służą do generowania nowych wirusów RNA i DNA, które mogą być zintegrowane z ludzkim genomem lub przechowywane w organelle kropli lipidowych. Lipidowa kropelka organelle służy do replikacji wirusów i rozprzestrzenia się poprzez działanie jako platforma do tego celu. Kropla lipidowa może wchodzić w interakcję z mitochondriami wytwarzając indukcję rozproszenia białek (UCP) i rozproszenie łańcucha transportu elektronów. Kwasy tłuszczowe mogą stymulować białka UCP. Zostało to wykazane w mitochondriach tłuszczu brunatnego. Indukcja kropli lipidowych białek UCP hamuje mitochondrialną fosforylację oksydacyjną i aktywuje glikolizę wytwarzającą fenotyp Warburga. Kropelki lipidowe zawierają glicerol diacylowy (DAG), acyl CoA tłuszczu i ceramid. Mogą one wytwarzać insulinooporność. Kropelki lipidowe są związane z syntezą acyloalkoholowego koA, desaturacją stearyloalkoholowego koA i SREBP. Kropelki lipidowe dominują w komórkach macierzystych, komórkach nowotworowych i komórkach zarodkowych i indukują ich powstawanie. Kropelki lipidowe są widoczne w komórkach nowotworowych i prowadzą do powstania opornych na leczenie nowotworów, a także odporności na chemioterapię. Kropelki lipidowe są związane z białkami histonowymi. Białka histonowe w połączeniu z DNA czynią je toksycznymi. Kropelki lipidowe magazynują białka histonowe i uwalniają je, gdy są potrzebne do tworzenia chromatyny. Kropelki lipidowe biorą zatem udział w acetylacji i deacetylacji histonu przez enzymy HDAC i HAT. Kropelki lipidowe regulują w ten sposób ekspresję genów. Kropelki lipidowe są widoczne w powiązaniu z jądrem i jądrem. Kropelki lipidowe są widoczne w pierwotnych komórkach zarodkowych i komórkach partenogenetycznych i mogą indukować partenogenezę. Kropla lipidowa doprowadziła do ewolucji archaiki w wodach słonawych, jak również do ostatecznej ewolucji homo neandertalis. Kropla lipidowa organelle w homo neanderthalis indukuje tworzenie się komórek zarodkowych i macierzystych oraz partenogenezę i rozmnażanie bezpłciowe przyczyniając się do matriarchii w homo neanderthalis. Lipidowa kropelka organelle jest ewolucyjnie pierwotną protokomórką i prymitywną archaiką i stanowi podstawę endosymbiozy i neandertalizacji. Archaiki wiążą się z receptorem mytacyjnym, powodując dysfunkcję mitochondriów i hamując cykl TCA oraz wynikającą z tego aktywację szlaku glikolitycznego dla energetyki. Wytwarza to metaboliczny fenotyp Warburga w homo neandertalis. Homo neandertalis jest uzależniony od utleniania organizmu ketonowego w celu zaspokojenia jego potrzeb energetycznych i utrzymuje się na diecie ketogenicznej. Spożywanie diety ketogenicznej powoduje katabolizm aminokwasów i wytwarzanie amoniaku, który może być utleniony przez archaika dla jego potrzeb energetycznych. Amoniak może łączyć się z dwutlenkiem węgla produkującym mocznik, na który może oddziaływać ureaza archeologiczna generująca amoniak ponownie. Mocznik może hamować funkcje mitochondriów i produkować modulację białek poprzez karbomylowanie. Może więc wpływać na metabolonom. Zahamowanie cyklu TCA kieruje acetyl CoA do szlaku mewalonianu syntetyzującego cholesterol, który może być utleniony przez archaika dla jego potrzeb energetycznych. Utlenianie pierścienia cholesterolowego generuje pirogronian, który jest aktywowany przez SGPT generujący glutaminian, który jest katabolizowany przez dehydrogenazę glutaminianu generującą amoniak. Amoniak może być utleniany przez archaiki ze względu na swoją energetykę. Amoniak może być również przetwarzany na mocznik w cyklu mocznikowym do przechowywania amoniaku. Karbomylowanie białek za pośrednictwem mocznika prowadzi do dysfunkcji komórek somatycznych i wynikającego z tego przejęcia ludzkich komórek przez endosymbiotyczne archaiki produkujące zespół zombie z maszynerią komórkową przejętą do syntezy i utleniania cholesterolu, jak również do tworzenia i utleniania amoniaku, który służy archeologicznej energetyce. Mocznik służy jako substrat do przechowywania amoniaku. Małpa wodna ewoluowała w słonawych wodach zacofanych półwyspu indyjskiego i Kerali. Małpa wodna wyewoluowała z małp bonobo i ostatecznie rozwinęła się w homo neandertalczyka. Homo neanderthalis i małpa wodna miały wodny dom słonawej wody, a mocznik służył jako podłoże do zrównoważenia zawartości soli w płynach ustrojowych z wysoką zawartością soli w słonawej wodzie. Małpa wodna i homo neandertalczyk żywiły się rybami, małżami, krabami, a także bulwami roślin wodnych, a nawyki te nie wymagały silnych samców i były wykonywane głównie przez samice. Archeologiczny katabolizm cholesterolowy powodował u małp wodnych niski poziom hormonów płciowych, a homo neandertalczyk wytworzył fenotyp bezpłciowy z naprzemiennymi zachowaniami płciowymi. Ta kolonia fenotypów bezpłciowych była matriarchalna i dominująca płciowo, a w jej skład wchodziły głównie grupy posłusznych eunuchów płci męskiej. Wysoka zawartość soli w organizmie spowodowana życiem w słonawych wodach posłużyła do wywołania u dominującej samicy partenogenezy. Synteza mocznika z amoniaku była również istotna w indukcji procesu partenogenezy. Mocznik może indukować rozwój żeńskich komórek płci żeńskiej do rozwoju zarodków partenogenetycznych. Mocznik może sprzyjać transformacji, jak również zachowaniu komórek macierzystych i zarodkowych. Endosymbiotyczne archaiki mogą powodować transformację komórek zarodkowych, jak również transformację komórek macierzystych i indukować partenogenezę. Partenogeneza byłaby dominującą formą rozmnażania u małp wodnych i homo neandertalczyków. Synteza mocznika może zachodzić w wątrobie, skórze i mózgu homo neandertalczyków oraz w pewnym stopniu w homo sapiens. Mózg homo neandertalczyka ewoluował w wyniku endosymbiotycznej endosymbiozy magnetotaktycznej. Archaiki magnetotaktyczne i porfiryny mogą wytwarzać zwiększoną absorpcję niskich poziomów EMF, powodując zanik korowy i dominację móżdżku. Wytwarza to móżdżkowe zaburzenie poznawcze afektywne homo neandertalicznego fenotypu mózgu z jego impulsywnym zachowaniem, wycofaniem społecznym, kreatywnością i autystycznymi, jak również schizofrenicznymi fenotypami. Endosymbiotyczne archaiki wykorzystują amoniak jako substrat energetyczny, a amoniak jest przechowywany w cząsteczce mocznika do wykorzystania w miarę potrzeb. Synteza mocznika w mózgu homo neandertalczyka jest pod tym względem znacząca i służy do celów endosymbiotycznej energetyki archaea. Mózg homo neandertaliczny może być uważany za kwantową, obliczeniową kolonię magnetotaktyczną. Komórki i obwody neuronalne homo neandertalczyka są przekształcane w obwody zombie przez karbomylowanie neuronów i białek synaptycznych przez mocznik mózgu. Tak więc synteza mocznika w mózgu ma ogromne znaczenie dla funkcjonowania magnetotaktycznej kolonii archeologicznej zdominowanej przez mózg homo neandertalczyków. Synteza mocznika ma również znaczenie w adaptacji małpy wodnej i homo neandertalczyków do słonych wód słonawych w Kerali oraz w utrzymaniu równowagi między zawartością sodu w płynach ustrojowych a słoną wodą słoną. Cząsteczka mocznika jest również ważna w generowaniu i konserwacji komórek macierzystych i komórek zarodkowych, a także w ich indukcji partenogenetycznej niezbędnej do tworzenia zarodków przez rozmnażanie bezpłciowe. Tak więc utlenianie amoniaku i synteza mocznika jest kluczowa w endosymbiotycznej energetyce archeologicznej, która ożywia rusztowanie zombie neandertalskiego ciała i mózgu, utrzymanie sieci magnetotaktycznych kolonii archeologicznych, które funkcjonują jako siła sterująca w neandertalskim mózgu zombie oraz w generowaniu komórek macierzystych i zarodkowych, a także w indukcji partenogenezy.

Sprowokowana klimatem endosymbioza archeologiczna prowadzi do transformacji komórek macierzystych i generowania komórek zarodkowych prowadzących do partenogenezy. Prowadzi to do dysfunkcji mitochondriów i aktywacji glikolitycznej przyczyniającej się do powstania fenotypu Warburga. Mikrozarodki pasożytują na różnych tkankach, takich jak mózg, serce, wątroba i płuca. Mikrozarodki zawierają kropelki lipidowe organelle, które tworzą rezerwuar do replikacji w środowisku archeologicznym. Fenotyp Warburga prowadzi do blokady dehydrogenazy pirogronianowej i cyklu TCA. Pirogronian kierowany jest do szlaku bocznicowego GABA generując sukcynylowy koagulant. Indukowany przez fenotyp Warburga wzrost glikolizy prowadzi do wytworzenia fosfogliceranu, seryny i glicyny. Glicyna może łączyć się z kwasem sukcynilowym generującym delta aminokwas lewulinowy, który stanowi podstawę syntezy porfiryn. Porfiryny mogą stanowić wzorzec dla tworzenia się wiroidów RNA, wiroidów DNA i prionów, a także organizmów lipidowych izoprenoidów. Wszystkie one symbiozują z archaicznymi organizmami poprzez szablonową replikację. Archaiki zawierają magnetyt i porfiryny, które są zdolne do absorpcji niskiego poziomu EMF. Prowadzi to do kwantowej percepcji niskiego poziomu EMF prowadzącej do zanikania korowego i dominacji móżdżku, które charakteryzowały mózg neandertalczyka. Neandertalczycy mają tendencję do występowania zaburzeń poznawczych afektywnych w móżdżku. Sieć archeologiczna w kroplach lipidowych w mózgu jest zdolna do transportu intersynaptycznego i funkcjonuje jako gigantyczna magnetotaktyczna kolonia archeologiczna w mózgu zombie i kontroluje funkcje mózgu. Olbrzymia neuronowa kolonia magnetotaktyczna jest zdolna do kwantowej percepcji i świadomości. To powoduje, że to, co nazywa się syndromem zombie. Fenotyp Warburga, który jest generowany przez endosymbiotic archaea prowadzi do przekształcenia komórek zarodkowych i komórek macierzystych i parthenogeneza. Partenogenetyczne mikrozarodki wraz z ich lipidową kroplą organelle zbiornik archaea tworzy podłoże mózgu neandertalskiego i jego zawartość magnetytu i porfiru jest w stanie kwantowej percepcji i świadomości. Może to prowadzić do powstawania fenotypów schizofrenicznych i autystycznych. Mikrozarodki partenogenetyczne z ich fenotypem Warburga badające wiele tkanek wytwarzają stan patogenetyczny. Fenotyp Warburga może wytwarzać insulinooporność i cukrzycę, a także zakrzepicę naczyniową. Fenotyp Warburga i partenogeneza mogą prowadzić do onkogenezy. Fenotyp Warburga i zarodki partenogenetyczne mogą prowadzić do choroby autoimmunologicznej. Fenotyp Warburga i zwiększona glikoliza powodują aktywację immunologiczną. Fenotyp Warburga może prowadzić do zwiększonej glikolizy i gliceraldehydu 3-fosforanowego, za pośrednictwem którego dochodzi do śmierci komórek jądrowych i neurodegeneracji.

Somatyczna partenogeneza jest spowodowana zmianami klimatycznymi. Zmiany klimatyczne mogą powodować arktyczną endosymbiozę i archaiczną partenogenezę wywołaną przez wiroidy RNA. W odpowiedzi na stres komórki somatyczne mogą zostać przekształcone w komórki macierzyste przez endosymbiotyczne archaea. Metabolonomia komórek macierzystych - glikoliza beztlenowa, dysfunkcja PDH, dysfunkcja mitochondriów z niedoborem CoQ, dysfunkcja dehydrogenazy ketonowej o rozgałęzionych łańcuchach, homo cystynuria i demitelacja genomowa, porfirie i wytwarzanie reaktywnych form tlenu, SLOS (Smith Lemli Opitz) prowadzące do zubożenia cholesterolu, niskich hormonów płciowych, niedoboru witaminy D i niedoboru kwasu żółciowego. Komórki macierzyste mogą ulegać endoreduplikacji, fuzji i pączkowania komórek oraz pękać jak bakterie wytwarzające poliploidalność. Te poliploidalne komórki mogą stać się parthogenicznymi embrionami. Komórki poliploidalne są odporne na stres i niestabilne genomowo. Komórki poliploidalne są genomowo, metabolicznie i fenotypowo różne i niestabilne. Mogą zostać przekształcone w różne tkanki, takie jak mózg, wątroba i serce, tworząc embriony somatyczne. Wielokrotne zarodki somatyczne z poliploidalnością wytwarzają liczne zaburzenia osobowości - schizofrenię, autyzm i zaburzenia nastroju. Wielokrotne zarodki somatyczne z poliploidią są antygenowe i mogą wywołać chorobę autoimmunologiczną.

Wielokrotne zarodki somatyczne z poliploidiami są niestabilne genomowo i mogą produkować raka. Partogeneza może prowadzić do zmian społecznych, w tym społeczeństw matrilinowych, naprzemiennych płci i różnych tożsamości. Wielokrotne zarodki somatyczne z poliploidią są metabolicznie i genotypowo niestabilne prowadzą do neurodegeneracji. Wielokrotne zarodki somatyczne z różną niestabilnością metaboliczną mogą prowadzić do zespołu metabolicznego. Dysfunkcja mitochondriów wywołana przez wiroidy Archaea i RNA oraz regulowana glikoliza powodują transformację komórek macierzystych komórek somatycznych. Komórki somatyczne, które są komórkami macierzystymi przekształcają się w układzie aktywacji immunologicznej oraz wydzielania cytokin, mogą zostać przekształcone w komórki kiełkowe - spermę oraz komórki jajowe. Może to prowadzić do zapłodnienia i partenogenezy. Archaeal digoksyna może wytwarzać wewnątrzkomórkowy niedobór magnezu i nieudaną mitozę z powodu dysfunkcji wrzeciona. To może produkować komórki poliploidalne. Komórki poliploidalne mogą przejmować funkcje komórek macierzystych. Komórki macierzyste mogą naśladować komórki linii germinalnej. Programy mejotyczne poliploidalnych komórek macierzystych mogą się aktywować generując zarodki rozszczepiające, morule, które mogą zostać przekształcone w sferoidy guza. Sferoidy mogą być przekształcone w blastocysty i zarodki po implantacji produkujące onkogenezę. Mogą również udawać, że wytwarzają przerzuty.

Neandertalczycy jedli wysokobiałkową, wysokotłuszczową dietę nie-wegetariańską, polując i zmiatając mamuty i inne zwierzęta. Spowodowało to duże obciążenie tryptofanu w układzie wytwarzającym tryptofanurię i tryptofanemię. Mięso zawiera wysoki poziom tryptofanu i hemoglobiny, które mogą indukować enzym indoleaminy 2,3-dioksygenazy i tryptofanu 2,3-dioksygenazy, które są enzymami hemu. Neandertalczycy jedli dietę o niskiej zawartości błonnika, co powodowało zmniejszenie podaży krótkołańcuchowych kwasów tłuszczowych, zwłaszcza maślanu z jelit. Maślan może tłumić indoleaminę 2,3-dioksygenazy i tryptofanu 2,3-dioksygenazy i błonnika brakuje diety w neandertalach może regulować aktywność indoleaminy 2,3-dioksygenazy i tryptofanu 2,3-dioksygenazy, co powoduje wzrost katabolizmu tryptofanu wzdłuż ścieżki kynureniny. Naturalne substancje, które są niewystarczające w diecie nie wegetariańskiej, takie jak alkaloidy mosiądzu, kurkumina, kofeina, herbata i kokaina może hamować indoleaminy 2,3-dioksygenazy i tryptofanu 2,3-dioksygenazy, która staje się ponad aktywny w neandertalach produkujących tryptofan katabolizm. Tryptofan jest metabolizowany do formyl kynureniny, hydroksykynureniny, kwasu kynureninowego, kwasu 3-hydroksyantranilowego, kwasu chinolinowego i NAD.

Kynurenina może wiązać się z receptorem AHR tworząc immunomodulację i immunosupresję. Może wytwarzać tolerancję immunologiczną w przypadku embirogenezy, partenogenezy, autoimmunizacji, nowotworów, tolerancji na lipopolisacharydy i przewlekłych infekcji. Kynurenina może wytwarzać supresję komórek T i odporność prowadzącą do immunotolerancji ważnej w wyżej wymienionych stanach. W ten sposób strumień szlaku kynureniny może przyczyniać się do embriogenezy i partenogenezy poprzez wytwarzanie tolerancji immunologicznej. Guzy mogą uciec przed zniszczeniem immunologicznym poprzez tłumienie komórek NK i T. Tak więc metabolizm nowotworów zależy od aktywacji katabolizmu tryptofanu wzdłuż szlaku kynureninowego. Szlak kynureninowy jest aktywowany w tolerancji na lipopolisacharydy i przewlekłe infekcje wytwarzające immunosupresję i immunotolerancję. Archealna endosymbioza zależy od immunotolerancji i immunosupresji poprzez aktywację katabolizmu tryptofanowego wzdłuż szlaku kynureninowego. Katabolizm tryptofanowy wzdłuż szlaku kynureniny może również przyczyniać się do zaburzeń psychicznych. Kynurenina blokuje receptor NMDA i receptor nikotynowy alfa 7. Prowadzi to do regulacji w dół transmisji NMDA i cholinergicznej. Kynurenina może również regulować transmisję dopaminergiczną. Prowadzi to do schizofrenii i autyzmu. Katabolizm tryptofanu wzdłuż szlaku kynureniny blokuje syntezę serotoniny z tryptofanu, przyczyniając się do zaburzeń depresyjnych i lękowych. Katabolizm tryptofanowy wzdłuż szlaku kynureninowego może prowadzić do syntezy kwasu chinolinowego i aktywacji immunologicznej, a w konsekwencji do autoimmunizacji, tolerancji immunologicznej i aktywacji immunologicznej. Kynurenina może wytwarzać immunosupresję i blokadę NMDA, podczas gdy kwas chinolinowy może wytwarzać aktywację immunologiczną i eksitotoksyczność NMDA. Katabolizm tryptofanowy wzdłuż szlaku kynureniny może wytwarzać kwas chinolinowy ważny w neurodegeneracji. Strumień tryptofanu wzdłuż szlaku kynureniny może generować kwas chinolinowy, który może wytwarzać niskiej klasy zapalenie i insulinooporność powodując zespół metaboliczny. Tak więc strumień tryptofanu wzdłuż szlaku kynureniny może wytwarzać choroby autoimmunologiczne, neurodegenerację, schizofrenię, depresję, autyzm, raka i zespół metaboliczny. Indukcja enzymu heme indoleaminy 2,3-dioxygenazy i tryptofanu 2,3-dioxygenazy może prowadzić do zubożenia hemu i indukcji syntazy ALA zwiększającej syntezę porfiryn i produkującej porfirie. Porfiryny mogą tworzyć samoreplikujące się porfiryny. Porfiryny tworzą szablon do tworzenia wiroidów RNA, DNA i izoprenoidów, które mogą się symbiozować w celu utworzenia endosymbiotycznej archaiki poprzez abiogenezę. Indukcja indoleaminowej 2,3-dioksygenazy i tryptofanu 2,3-dioksygenazy wytwarza kynureninę, która może tłumić układ odpornościowy generując immunotolerancję i archaiczną endosymbiozę. Tak więc ładunek tryptofanu i indukcja indoleaminy 2,3-dioksygenazy i tryptofanu 2,3-dioksygenazy powoduje systemowe zaburzenia cywilizacyjne w populacji neandertalczyków. Ładunek tryptofanu i indukcja 2,3-dioksygenazy indoleaminowej i 2,3-dioksygenazy tryptofanowej może powodować tolerancję immunologiczną i immunosupresję przez kynureninę produkującą archaiczną endosymbiozę i neandertalizację gatunku. Ładunek tryptofanu i indukcja 2,3-dioksygenazy indoleaminowej i 2,3-dioksygenazy tryptofanowej może powodować immunotolerancję, która może przyczynić się do partenogenetycznej embriogenezy lub ciąży somatycznej w wielu tkankach u neandertalczyków. Ładunek tryptofanu i indukcja indoleaminy 2,3-dioksygenazy i tryptofanu 2,3-dioksygenazy może produkować autystyczne schizofreniczne plemię Neandertalczyków z partenogenezą i matriarchią.

Archealna endosymbioza powoduje neandertalizację gatunku. Archaika może aktywować enzym AMPK (kinaza monofosforanowa adenozyny). Neandertalczycy spożywali ketogenną dietę nie wegetariańską bogatą w tłuszcze i białka. Ketogeniczna dieta neandertalczyków może indukować aktywację AMPK. Fenotyp małży wodnych zjadł wiele ryb w diecie, a kwasy tłuszczowe ryb mogą powodować aktywację AMPK. Fenotyp małpy wodnej zjadł również wiele bulw roślin zacofanych, takich jak lotos i lilie wodne, zawierających dużą ilość glukomannanu, który wytwarza aktywację AMPK. Bulwy roślin wodnych zawierają dużą ilość błonnika, którego trawienie generuje krótkołańcuchowe kwasy tłuszczowe, takie jak octan, maślan produkujący aktywację AMPK. Aminokwasy i kwasy tłuszczowe mogą indukować aktywację AMPK. Aktywacja AMPK może indukować stany niskiego poziomu glukozy i braku tlenu w epoce lodowcowej. Neandertalczycy mieli fenotyp dominujący w móżdżku o zwiększonej aktywności współczulnej wytwarzający impulsywny strach, ucieczkę, fenotyp walki. Katecholaminy - epinefryna i noradrenalina oraz dopamina mogą wytwarzać aktywację AMPK. Aktywacja AMPK może skutkować jednoczesną aktywacją mtora, co prowadzi do dendrytycznych wad cięcia kręgosłupa i autystycznego mózgu neandertalczyka. Aktywacja AMPK skutkuje jednoczesną aktywacją HIF alfa i indukcją fenotypu Warburga i fenotypu komórek macierzystych. Aktywacja AMPK może indukować uwolnienie białek UCP od fosforylacji oksydacyjnej, prowadząc do dysfunkcji mitochondriów. Aktywacja AMPK prowadzi do zwiększenia katabolizmu i zmniejszenia anabolizmu. Aktywacja AMPK prowadzi do utraty masy ciała. Aktywacja AMPK może również prowadzić do zwiększonej sygnalizacji insuliny i aktywności IGF. Nasila się glikoliza, utlenianie kwasów tłuszczowych i aminokwasów. Synteza białek jest zahamowana. Aktywacja AMPK zmniejsza syntezę kwasów tłuszczowych, cholesterolu i trójglicerydów oraz zwiększa ich rozkład. Zwiększone utlenianie aminokwasów prowadzi do katabolizmu tryptofanowego, w wyniku którego powstają zwiększone ilości kynurenin, które są ważne w procesie ucieczki immunologicznej i partenogenezy. Aktywacja AMPK, w wyniku której powstaje fenotyp komórek macierzystych, prowadzi do wygenerowania komórek zarodkowych. Aktywacja AMPK może aktywować oocyt do rozwoju zarodków partenogenetycznych. Aktywacja AMPK może zwiększać wewnątrzkomórkowe oscylacje wapniowe, zwiększać wewnątrzkomórkową ROS i stosunek AMP/ADP powodując szokową i falową aktywację oocytów produkujących partenogenezę. Aktywacja AMPK może hamować układ odpornościowy wytwarzający ucieczkę immunologiczną i partenogenetyczną embriogenezę. Aktywacja AMPK może zwiększyć długość życia gatunku i zachować fenotyp neandertalczyka. Aktywacja AMPK może wytworzyć ochronę serca i neuroprotekcję. Aktywacja AMPK jest ważna dla płodności, transformacji komórek macierzystych i generowania komórek zarodkowych. Aktywacja AMPK może rozdzielić fosforylację oksydacyjną, jak również spowodować biogenezę mitochondriów. Aktywacja AMPK ma działanie antyoksydacyjne poprzez indukowanie NRF 2, dysmutazy nadtlenkowej i UCP. Aktywacja AMPK powoduje zmniejszenie generacji wolnych rodników, które pełnią rolę posłańców dla endogennej replikacji retrowirusowej. Wytwarza to sztywny genom, wadliwą łączność synaptyczną i zanik kory mózgowej. Aktywacja AMPK indukuje glikogenolizę i hamuje glikogenezę. Aktywacja AMPK zwiększa również transport glukozy. Fosforylacja oksydacyjna mitochondriów jest blokowana przez aktywację AMPK poprzez indukcję białek UCP. Glukoza jest przekształcana w fruktozę przez reduktazę aldozową i dehydrogenazę sorbitolową indukowaną przez archaiki i trafia do szlaku fruktolitycznego. Powoduje to fruktozemię i zwiększoną syntezę lipidów i mukopolisacharydów, co prowadzi do powstania zespołu hibernacji charakterystycznego dla metabolizmu neandertalskiego. Aktywacja AMPK skutkuje również zahamowaniem syntezy białek i zwiększeniem autofagii/mitofagii oraz odnową organizmu, zwiększając żywotność gatunku. W ten sposób indukowana przez archaika aktywacja AMPK prowadzi do wygenerowania gatunku partenogenetycznego, który jest dominującym gatunkiem żeńskim i macierzyńskim. Aktywacja AMPK następuje w okresie hibernacji, a u neandertalczyków występuje zespół hibernacyjny. 5' AMPK może aktywować AMPK powodując hipometabolizm i hibernację. Endosymbiotyczne archaiki syntetyzują digoksynę przez katabolizm cholesterolowy. Archaiki endosymbiotyczne używają cholesterolu jako substratu energetycznego. Digoksyna może wytwarzać błonową inhibicję ATPazy potasowo-sodowej, co może prowadzić do syntezy ATP błonowej. ATPaza sodowo-potasowa funkcjonuje jako enzym syntetyzujący ATP w neandertalach. Niski poziom EMF może również wytwarzać inhibicję ATPazy potasowo-sodowej i prowadzić do syntezy ATP błonowej. ATP działa na ectoATPazy, które przekształcają ATP do 5' AMP, który może aktywować AMPK produkując upregulation katabolicznych ścieżek. Katabolizm cholesterolu może generować kwasy żółciowe, które mogą rozdzielić fosforylację oksydacyjną i regulować funkcję mitochondriów prowadzących do metabolizmu hibernacji. Aktywacja AMPK może prowadzić do katabolizmu cholesterolowego i dalszej syntezy digoksyny. Aktywacja AMPK może zwiększyć poziom NAD w komórkach, powodując aktywację sirtuiny-1. Sirtuina jest NAD zależna od deacetylazy histonowej. Aktywacja sirtuiny-1 może spowodować odmłodzenie w obecności ograniczenia kalorycznego występującego podczas hibernacji. Sirtuina-1 pośredniczy w aktywacji AMPK w zależności od modulacji funkcji mitochondriów. Aktywacja Sirtuiny może indukować hibernację i odmłodzenie. Modulacja genów Sirtuiny obejmuje naprawę DNA, stan zapalny, syntezę i przechowywanie tłuszczu oraz metabolizm glukozy. Sirtuina może wytwarzać deacetylację i wzmacniać węglowy szkielet białek zwiększając ich trwałość. Aktywacja AMPK, akumulacja NAD, aktywacja sirtuiny i aktywacja HIF alfa występują razem. Może to powodować stan hibernacji i ucieczkę immunologiczną prowadzącą do partenogenezy. Neandertalczycy jedli dietę wysokotłuszczową o wysokiej zawartości białka ketogennego, jak również dietę bogatą w bulwy zacofane zawierające błonnik pokarmowy. Dieta ketogeniczna, aminokwasy, ograniczenie kaloryczności, kwasy tłuszczowe i błonnik pokarmowy generowane przez krótkołańcuchowe kwasy tłuszczowe mogą indukować aktywację AMPK, akumulację NAD, aktywację sirtuin i immunosupresję, prowadząc do ucieczki immunologicznej i partenogenezy. Aktywacja AMPK i aktywacja sirtuiny może prowadzić do fenotypu Warburga, transformacji komórek macierzystych, generacji komórek zarodkowych i stymulacji oocytów, prowadząc do partenogenezy.

Ewolucja neandertalczyków została określona przez archeologiczną endosymbiozę. Gatunek ludzki wyewoluował w homo neandertalczyk na podstawie archeologicznej endosymbiozy. Archeologiczna endosymbioza była mediowana przez tryptofanowy szlak kataboliczny kynureniny. Kynureniny mogą wytwarzać immunosupresję i tolerancję immunologiczną, co prowadzi do archeologicznej endosymbiozy. Szlak kynureninowy powoduje blokadę receptora NMDA, cholinergicznego receptora nikotynowego alfa-7, zmniejszenie produkcji serotoniny i zwiększenie transmisji dopaminergicznej. Wytwarza to autystyczne, schizofreniczne plemię neandertalczyków z mniejszą funkcją wykonawczą na froncie i większą dominacją móżdżku w zachowaniu impulsywnym typu. Indukcja indolaminy 2,3-dioksygenazy i tryptofanu 2,3-dioksygenazy doprowadziła do skierowania katabolizmu tryptofanu wzdłuż ścieżki kynureniny. Neandertalczycy jedli wysokobiałkową, nie wegetariańską dietę tryptofanową, co doprowadziło do indukcji katabolizmu tryptofanowego. W diecie neandertalczyków brakowało błonnika pokarmowego, a trawienie błonnika powodowało wytwarzanie krótkołańcuchowych kwasów tłuszczowych, zwłaszcza maślanu, co powodowało wzrost aktywności 2,3-dioksygenazy indolaminowej i 2,3-dioksygenazy tryptofanowej oraz wzrost katabolizmu tryptofanowego. Ścieżka kynureniny powoduje wytwarzanie kwasu chinolinowego, który może wytwarzać chroniczną aktywację immunologiczną i insulinooporność. Kwas chinolinowy jest również zaangażowany w neurodegenerację. Komórki immunologiczne indukowane przez kynureninę oraz supresja komórek NK mogą prowadzić do rozwoju raka. Archaeal endosymbioza generowane przez kynureniny indukowane immunotolerancji może prowadzić do raka, choroby autoimmunologicznej, zespół metaboliczny, neurodegenerację, schizofrenii i autyzm przez generowanie archeologicznych cholesterolu katabolitu digoksyna. Tak więc większe obciążenie tryptofanu dzięki diecie mięsnej i diecie o niskiej zawartości błonnika powoduje generowanie kynureniny, która ma działanie podobne do ketaminy i wytwarza zachowania neandertalskie. Indukcja enzymów hemowych indolaminy 2,3-dioksygenazy i tryptofanu 2,3-dioksygenazy powoduje zubożenie hemu, aktywację syntazy ALA i porfirii. Porfiryny mogą się samoorganizować tworząc porfiryny i mogą działać jako wzorzec do generowania izoprenoidalnych organizmów, wiroidów RNA, wiroidów DNA, które wszystkie symbiozowały do tworzenia archaicznych aktynowców. Porfiony mają falowo-cząsteczkowe istnienie i w obecności membranowych interkalacji porfionu z inhibicją ATPazy potasowej sodowej za pośrednictwem porfionu może skutkować pompowanym systemem fononowym i dipolarną percepcją kwantową za pośrednictwem porfionu. Inhibicja ATPazy potasowo-sodowej i błony komórkowej z udziałem porfiru może prowadzić do zwiększenia poziomu wapnia wewnątrzkomórkowego i zmniejszenia poziomu magnezu wewnątrzkomórkowego, co prowadzi do dysfunkcji mitochondriów, dysfunkcji błony komórkowej, zaburzeń w przetwarzaniu białka golgi związanego z ciałem, defektu funkcji DNA i RNA oraz zaburzeń funkcji komórek. To zwiększenie wewnątrzkomórkowego wapnia i zmniejszenie magnezu z powodu hamowania ATPazy potasowo-sodowej może spowodować aktywację immunologiczną, pobudzenie glutaminianów, aktywację onkogenów i stany chorobowe. Tolerancja immunologiczna wytwarza raka, transformację komórek macierzystych i partenogenezę. Komórki macierzyste raka mogą rozwijać programy mejotyczne generujące zarodki partenogenetyczne, które mogą przetrwać i rosnąć w obecności tolerancji immunologicznej tworzonej przez kynureniny. Wiele zarodków partenogenetycznych może tworzyć wiele osobowości prowadzących do schizofrenii i autyzmu, rosną do raka, jego metabolizm komórek macierzystych ze zwiększoną glikolizą i dysfunkcją mitochondriów może produkować zespół metaboliczny, komórka macierzysta za pośrednictwem zwiększonej glikolizy może prowadzić do aktywacji immunologicznej i normalnego obumierania tkanek kosztem zarodków partenogenetycznych może produkować degenerację. Przewlekłe zapalenie wywołane przez kwas chinolinowy i inne katabolity tryptofanowe produkujące chorobę autoimmunologiczną i kwas chinolinowy związane ze śmiercią i zwyrodnieniem komórek. Szlak kataboliczny tryptofanu powoduje powstawanie u neandertalczyków zespołów cywilizacyjnych prowadzących do ich wyginięcia. Ładunek tryptofanu u wyższych naczelnych i homo sapiens, spowodowany zwiększonym spożyciem mięsa mięsożerców w stepach euroazjatyckich, spowodował u nich immunosupresję, immunotolerancję, archeologiczną endosymbiozę i neoneandertalizację kynureniny. W ten sposób ładunek tryptofanowy, spowodowany dietą o wysokiej zawartości mięsa i niskiego błonnika, przyczyniłby się do powstania i immunotolerancji kynureniny, co doprowadziłoby do archaicznej endosymbiozy i ewolucji homo neandertalczyków i homo neoneandertalczyków. Neandertalczycy z powodu archaicznej endosymbiozy mieli transformację komórek macierzystych, aktywację programów mejotycznych w komórkach macierzystych, generację komórek zarodkowych i partenogenezę. Efektem tego była dominacja kobiet i społeczeństwa matriarchalne. Hybrydyzacja wewnątrzgatunkowa i konflikt wewnątrzgenomowy również przyczyniły się do partyzantogenezy i reptilianowej ekspresji genów wynikającej z hybrydyzacji międzygatunkowej i konfliktu wewnątrzgenomowego. Do genów dotkniętych konfliktem należą: PDH, BKCD, SLOS, porfiria, choroba Hartnupa, zmniejszona synteza cholesterolu, synteza CoQ i synteza witaminy D. Cecha Hartnupa rozwijałaby się, aby przeciwdziałać obciążeniu tryptofanów u neandertalczyków wynikającemu z diety wysokomięsnej. Powoduje to tak zwany zwiększony katabolizm tryptofanowy i katabolity kynureninowe, które są mediatorami zespołu ostrotorana, opisywanego początkowo na obszarach okołokasztanowych. Endemiczne zespoły sztormu występowałyby w populacji neandertalczyków i powodowałyby oporne zaburzenia myślenia i nastroju, zaburzenia ruchowe, w tym pląsawicę i tik, a także schizofrenię i autyzm. Generowanie zaburzeń tikowych w ramach epidemii lub endemicznego zespołu okulistycznego doprowadziłoby do powstania języka tikowego. Ludzki język, w tym starożytne, takie jak akkadyjskie i sanskryckie, rozwinął się najpierw w obszarach periokaspijskich. Endemiczne zespoły sztormu mogą również prowadzić do zmian w metabolizmie tłuszczów w wątrobie i marskości wątroby. Może powodować dysfunkcję nadnerczy i nadpobudliwość wytwarzającą nadpobudliwość współczulną i niedoczynność przywspółczulną prowadzącą do nadciśnienia tętniczego, chorób naczyniowych, nowotworów i chorób autoimmunologicznych. Częstość występowania zespołów toczniopodobnych i stwardnienia rozsianego jest wysoka w endemicznym zespole naczyniowym. Katabolizm tryptofanowy w zespole naczyniowym może powodować dysfunkcje poznawcze takie jak choroba Alzheimera, choroba Parkinsona i śmierć komórek. Partenogeneza może prowadzić do autystycznego fenotypu z dominacją móżdżku i móżdżku zaburzenia poznawcze afektywne. Partenogeneza indukowana ekspresją genów reptilianów może produkować porfirii i porfiryn indukowanych postrzegania pozazmysłowego. W ten sposób powstaje kreatywne plemię z postrzeganiem kwantowym.

Archealna endosymbioza i neandertalizacja zależały od immunotolerancji i immunoparaliżu z wykorzystaniem szlaku kynureniny. Ścieżka kataboliczna tryptofanu i kynureniny może mieć działanie podobne do ketaminy ze względu na blokadę NMDA powodującą ekstazy, CCAS, paraliż korowy mózgu i pozazmysłowe postrzeganie. Katabolizm tryptofanowy jest ukierunkowany na szlak kynureninowy, co prowadzi do wyczerpania melatoniny i aktywności nocnej oraz braku snu. Katabolity tryptofanowe kynureniny i kwasu kynureninowego mogą powodować zmniejszenie syntezy insuliny, zmniejszenie uwalniania insuliny, zmniejszenie aktywności biologicznej insuliny powodującej insulinooporność. Zespół katabolitów tryptofanowych może prowadzić do nadaktywności współczulnej i zespołu dysautonomicznego wytwarzającego odpowiedź na loty lękowe i impulsywność. Indukcja genów reptiliańskich przez konflikt wewnątrzgenomowy i hybrydyzację międzygatunkową może prowadzić do ekspresji szlaku shikimatycznego produkującego alkaloidalne neuroprzekaźniki - LSD, nikotynę, strychninę, meskalinę produkującą stany szamańskie i pozazmysłową percepcję. W wyniku indukcji zubożenia IDO i hemu może dojść do powstania porfirii i pozazmysłowej percepcji za pośrednictwem porfirii. Wyczerpanie hemu może zmniejszyć aktywność enzymów hemowych. Enzym hemowy cytochromu C oksydazy jest inaktywowany, co prowadzi do dysfunkcji mitochondriów. Hemowe enzymy katalazy i peroksydazy glutationowej są inaktywowane produkując wolny stres rodnikowy. Enzym hemerowy cytochrom P450 jest inaktywowany, wytwarzając wadliwą syntezę kwasu żółciowego z powodu niedoboru cholesterolu 7 alfa hydroksylazy, powodując zespół metaboliczny X z powodu niedoboru kwasu żółciowego. Niedobór enzymu hemecytochromu F450 powoduje wytwarzanie wadliwej dehydrogenazy aromatazy i dehydrogenazy beta-hydroksy steroidowej, powodując zmniejszenie syntezy testosteronu, estrogenu i kortyzolu. Wytwarza to bezpłciowy i naprzemienny stan neandertalu płciowego. Enzym heme lanosterolu 14 alfa demetylaza jest inaktywowany, hamując syntezę cholesterolu i zespół zubożenia cholesterolu. Hemowy enzym kwasu retinowego hydroksylaza i hydroksylaza cholekalcyferolowa są niewystarczające produkując brak witaminy D i A, wadliwą odporność i niekontrolowaną proliferację komórek.

Początkowym zdarzeniem jest zwiększona ścieżka kataboliczna tryptofanu wytwarzająca immunotolerancję i immunoparaliż za pośrednictwem kynureniny. Powoduje to wzrost endosymbiotyczny i neandertalizację. Powoduje to konwersję komórek somatycznych do komórek zarodkowych i aktywację programów mejotycznych, co prowadzi do partenogenezy. Homo neandertalina rozmnaża się poprzez partenogenezę. W rozrodzie płciowym dochodzi do nieprawidłowego funkcjonowania, co prowadzi do powstania gatunku partenogenetycznego. Partenogeneza jest indukowana przez aktynowce i wiroidy RNA. Stres wywołany przez zmiany klimatyczne może wywołać partenogenezę. Enzymy hemowe cytochromu P 450 zależne od aromatazy i dehydrogenazy beta-hydroksy steroidowej są wadliwe, co skutkuje brakiem hormonów płciowych produkujących bezpłciowość i naprzemienność płciową. Enzymy hemerowe NOS, CBS i HO1 są wadliwe, co prowadzi do braku gazotransmiterów NO, CO i H2S, a w konsekwencji do dysautonomii i dysfunkcji seksualnej. Partenogeneza powoduje powstawanie wielu zarodków w tkankach, co prowadzi do powstawania wielu osobowości oraz schizofrenii i autyzmu. Partenogeneza powoduje również powstawanie nowotworów i chorób autoimmunologicznych. Partenogeneza w mózgu może prowadzić do śmierci normalnej tkanki i neurodegeneracji. Metabolizm komórek macierzystych zarodków partenogenetycznych ze zwiększoną glikolizą i dysfunkcją mitochondriów prowadzi do powstania zespołu metabolicznego. Zubożenie hemu prowadzi do powstawania porfirii i porfirii powodujących postrzeganie ilościowe. Związana ze szlakiem katabolicznym tryptofanu kynurenina może wytwarzać zespół ketaminowy podobny do schizofrenii. Podobny zespół schizofreniczny i autystyczny może wystąpić u neandertalczyków z powodu alkaloidów tryptofanowych syntetyzowanych przez aktywację genu reptiliańskiego - LSD i meskaliny. W ten sposób powstaje szamańskie, duchowe, kwantowe spostrzegawcze społeczeństwo. Indukowane porfirynem kwantowe postrzeganie niskiego poziomu EMF może powodować zanik korowy i CCAS i stan impulsywny, stan agresywny, przemoc, przestępczość, duchowość i terroryzm. Neoneandertalczycy tworzą małe kolonie i grupy plemienne. W wyniku percepcji kwantowej za pośrednictwem porfiru powstają spójne małe grupy, w których wspólne życie tworzy społeczeństwo anarchiczne. Społeczeństwo anarchiczne powstaje w wyniku zaburzeń poznawczych móżdżku afektywnego i zaniku korowej percepcji kwantowej. To społeczeństwo anarchiczne jest małe i plemienne, gwałtowne i agresywne, duchowe i transcendentalne. Powoduje to utratę tożsamości narodowej i recesję na rzecz prymitywnych tożsamości plemiennych. Cywilizacyjne tożsamości narodowe załamują się i są zastępowane przez małe tożsamości plemienne, powodując trwałą wojnę, niestabilność i kryzys. Rozmnażanie się partenogenetyczne u neandertalczyków i neonandertalczyków, a także brak hormonów płciowych związanych z aseksualnością i naprzemienną seksualnością powoduje matriarchalne dominowanie kobiet w małych grupach społecznych. Może się to zdarzyć w otoczeniu neoneandertalczyków w wyniku endosymbiotycznego wzrostu archeologicznego. W matriarchalnym społeczeństwie neoneandertalczyków dominują kobiety, a mężczyźni zostają zredukowani do marginalnej roli w społeczeństwie, tworząc kompleksy nienawiści i słabości. Można to porównać do tworzenia społeczeństwa żeńskich amazonek i męskich eunuchów. Świat ma tendencję do przekształcania się w anarchiczne społeczeństwo amazońskich kobiet i męskich eunuchów. Reprezentuje to wykastrowany męski syndrom z pozbawieniem godności, integralności, pasji i dumy. Społeczności neandertalczyków funkcjonowały jako anarchiczne małe społeczności żyjące wspólnie. Brakowało w nich koncepcji altruistycznej, egoistycznej i obsesyjnej miłości oraz rodziny nuklearnej. Żyli jako małe grupy 15-20 osobowe o świadomości grupowej. Wywołane porfirią pozazmysłowe postrzeganie kwantowe zaowocowało dobrze zespolonymi anarchicznymi społecznościami, w których dzieci żyły wspólnie i wychowywały się. Relacje seksualne stały się partnerstwem pomiędzy równymi i funkcjonalnymi. Były rozwiązłe, samowystarczalne i nie były w społecznie usankcjonowanych związkach jak małżeństwo. Obowiązkiem męskiego eunuchoida była mała społeczność, która służyła związkom w społeczności zależnym od wspólnej świadomości opartej na pozazmysłowej percepcji kwantowej. Społeczności neandertalczyków i neoneandertalczyków były matriarchalne i równoprawne pod względem płci i nie miały żadnego hierarchicznego przywództwa. Nie było królów ani królowych i było to społeczeństwo bezpaństwowe. Było to stowarzyszenie dobrowolne i nie istniało żadne prawo pisane ani kontrola, chyba że w drodze konsensusu. Reprezentowane jest ono przez starożytne społeczeństwa indyjskie w okresie buddyjskim w historii Indii określane jako Janapadams. Były to małe społeczeństwa bezpaństwowe rządzone przez równość i konsensus. Starożytna cywilizacja harappańska była również zorganizowana jako bezpaństwowe społeczeństwo anarchistyczne. To samo odnosi się do starożytnych królestw celtyckich w Walii, Szkocji, Basku, Katalonii i Bretanii. Koncepcja społeczeństw anarchistycznych jest wzorowana na Mandalach w Azji Południowo-Wschodniej, które obejmują współczesną Indonezję, Wietnam, Laos, Kambodżę, Myanmar i Tajlandię. Cywilizacje te były przedłużeniem cywilizacji południowo-indyjskiej Dravidian, wywodzącej się z cywilizacji harappańskiej. W czasach nowożytnych odrodziły się społeczeństwa anarchistyczne w postaci współczesnej Grama Swaraj z Gandhiego, której filozofia była w zasadzie anarchiczna. Gandhi pochodził z obszaru Indii, gdzie cywilizacja harappańska rozwijała się w czasach prehistorycznych. Te same anarchistyczne społeczeństwa można zobaczyć w żydowskim Kibucu. Żydzi, Celtowie, Drawidianie wszyscy mieli neandertalskie pochodzenie. Stanowiło to podstawę prymitywnych, anarchicznych społeczności neandertalczyków. Związany z globalnym ociepleniem endosymbiotyczny wzrost archeologiczny powoduje neandertalazję. W archaicznych archaikach aktynowców kwantowa percepcja niskiego poziomu EMF skutkuje zanikiem korowym i dominacją w móżdżku, co prowadzi do zaburzeń poznawczych afektywnych w móżdżku. Percepcja kwantowa za pośrednictwem archaicznych porfirów prowadzi do powstawania niewielkich, powiązanych ze sobą społeczności neonandertalczyków o anarchicznych formach organizacji. Cywilizacja ludzka w wyniku globalnego ocieplenia i neandertalizacji mózgu cofa się, tworząc małe plemienne wspólnoty anarchiczne w wiecznych działaniach wojennych, których efektem jest koniec państw narodowych. Rozpoczął się neoneandertalistyczny świat anarchii. Matriarchalne społeczeństwa z partenogenetycznymi kobietami prowadzą do syndromu wykastrowanych eunuchów płci męskiej i społeczeństw równych płci. Anarchia staje się normą życia politycznego na świecie z towarzyszącymi jej katastrofalnymi zniszczeniami. Zespół eunucha płci męskiej w połączeniu z mózgowym zaburzeniem poznawczym afektywnym w świecie anarchicznym o plemiennych tożsamościach może powodować terroryzm, przestępczość, kreatywność, agresję, przemoc, brak empatii i autystyczne plemię. Partenogenetyczni neoneandertalczycy ostatecznie wyginą z powodu braku różnorodności genów w populacji.

Zmiany klimatyczne i narażenie na pola EMF w internecie o niskim poziomie mogą wywołać aktywność HO1 i zwiększoną syntezę porfiryn. Porfiryny mogą tworzyć porfiryny, które działają jako wzór do tworzenia wiroidów RNA, wiroidów DNA i izoprenoidów w procesie abiogenezy. Są one symbiozą do tworzenia aktynowych archaicznych i wiroidów

RNA. W wyniku tego dochodzi do endosymbiotycznej transformacji komórek macierzystych za pośrednictwem archaeów. Endosymbiotyczne archaiki mogą indukować aktywację receptorów opłat i aktywować HIF alfa, co prowadzi do metabolizmu komórek macierzystych o zwiększonej glikolizy i dysfunkcji mitochondriów. Endosymbiotyczne archaiki mogą indukować reduktazę aldozową i metabolizm fruktozy, powodując frukotemię, syntezę lipidów, mukopolisacharydozę, porfirie i zespoły hibernacji/zombie. Zwiększona glikoliza i fenotyp Warburga mogą aktywować układ odpornościowy. Programy mejotyczne komórek macierzystych ulegają aktywacji i prowadzą do powstawania komórek zarodkowych i partenogenezy. Tak więc zmiany klimatyczne i ekspozycja na Internet powodują zmiany w rozrodczości do dominującego rozrodu bezpłciowego i partenogenezy. Powoduje to powstanie fenotypu bezpłciowego męskiego eunucha. Skutkuje to równouprawnieniem płci i dominacją kobiet. Populacja płci męskiej zostaje wywłaszczona i jest peryferyjna w stosunku do funkcji społecznych. W ten sposób powstaje społeczeństwo eunuchów i matriarchów płci męskiej. Społeczeństwo wycofuje się do reżimu matriarchalnego z powszechnymi konsekwencjami społecznymi. Porfiriony i aktynoidalne archaiki magnetotaktyczne mogą odbierać pola elektromagnetyczne niskiego poziomu, powodując czołowy zanik korowy i dominację móżdżku. Prowadzi to do zaburzenia funkcji poznawczych móżdżku na skalę epidemiczną. Móżdżek jest miejscem impulsywnego zachowania, agresji, przestępczości, postrzegania pozazmysłowego, zjawisk duchowych i snów, a także transu. Powoduje to powstanie impulsywnego społeczeństwa bez żadnej logiki czy rozumu, wytwarzającego bezprawie i anarchię. W ten sposób powstaje anarchiczny świat neonandertalczyków z małymi społecznymi grupami plemiennymi i upadkiem zorganizowanego społeczeństwa obywatelskiego i państw narodowych. Konsekwencją tego są powszechne bezprawie, wojny, przestępczość, terroryzm, obietnica seksualna, upadek rodziny nuklearnej, alternatywna seksualność, wspólne życie i rozpad struktur społecznych społeczeństwa homo sapien. Otwiera się anarchiczny, eunuchoidalny świat neoneandertalczyków. Tak więc zmiany klimatyczne i internet powodują zmiany seksualne, anarchiczne zmiany społeczne i zmiany reprodukcyjne. Neandertalczycy żyją w wymarzonym świecie wyobraźni i zjawisk paranormalnych modulowanych przez przerost móżdżku i funkcję. W ten sposób powstaje duchowy świat transu i religijności. Mózg neandertalczyków aktywuje domyślną sieć w płacie przedtrzonowym, wytwarzając senny dzień, twórczą wizualizację, zjawiska fantazji, depersonalizację i zmienioną świadomość. Zwiększony katabolizm tryptofanowy produkuje kynureninę, która blokuje receptor NMDA produkujący ketaminę lub fencyklidynę schizofreniczną psychozy na skalę epidemiczną.

Zwiększony poziom kynureniny może również blokować receptor alfa 7 nikotynowej acetylocholiny, zmniejszać aktywność serotoninergiczną i aktywować receptor dopaminergiczny. Ścieżka kataboliczna tryptofanu wytwarza również alkaloidy halucynogenne, takie jak strychnina, meskalina i LSD. W neonandertalach przyczynia się to do powstawania stanów szamańskich w ciągu dnia. To przyczynia się do kreatywności, autyzmu, schizofrenii, braku kontaktów społecznych, małych populacji plemiennych i wymarzonego świata w społeczeństwie neandertalskim. Zwiększona ilość porfirów produkuje postrzeganie kwantowe i świat marzeń. Neandertalczycy tworzą małe grupy społeczne i brakuje im kontaktów społecznych z nie spokrewnionymi populacjami produkującymi małe, autystyczne plemiona. Neoneandertalczyków i homo sapiens można wyróżnić następujące zjawiska nieświadomości kontra świadomość, religii kontra nauka, magia kontra logika, sen kontra obudzenie i psychiczne kontra materiał. Neoneandertalczycy mają wielkie zdolności paranormalne i społeczeństwo było bardziej religijne i duchowe. Stworzyli oni miasta snów, które były klasycznie psychopatyczne, magiczne i przypominające sen. Neandertalska kultura magii, kultury i ducha była inna niż homo sapiens. Mity, folklor i religijność pochodzą od neandertalczyków. Kult węży jako symbol Boga i wykorzystanie kryształów i minerałów, czego przykładem są formy medycyny Siddha, są neandertalskie. Malowali oni skórę i twarz tworząc rozległe tatuaże, nosili ozdoby i byli niezwykle ceremonialni i rytualni. Stworzyli taniec jako formę kultu porównywalną z koncepcją Sziwy jako tancerki niebieskiej. Neandertalskie plemiona były nocne i znały gwiazdozbiory wielkiego niedźwiedzia, małego niedźwiedzia i drako. Neandertalczycy byli plemieniem nocnym ze względu na wrażliwość na światło spowodowaną porfiriami, które sprawiały, że preferowali noc do dnia. Bogowie neandertalczycy pochodzili z kosmosu zewnętrznego, a cywilizacja została zasiana przez kontakty międzygalaktyczne pośredniczące w oddziaływaniach kometarnych i asteroidalnych. Komety i asteroidy niosły magnetotaktyczne aktynoidalne archaiki, które tworzyły kolonie przekształcające się w homo neandertalczyków. Neandertalczycy byli religijni, mieli ceremonie pogrzebowe i wierzyli w życie pozagrobowe. Cywilizacja Dravidiańska, Uluzzian i Chatelperonean, a także Baskowie i Katalończycy byli neandertalczykami. Były to cywilizacje snów, rytuałów, tańców, religijności i transu z powodu epidemii CCAS. Neandertalczycy byli plemieniem nocnym, które czciło księżycową boginię, było matriarchalnym zbiorem pożywienia, a kobiety rządziły społeczeństwem. Homo sapiens byli słońcem czczącym patriarchalnych myśliwych wojowników i mężczyzn rządzących społeczeństwem. Kobiety były tylko adiunktami. Społeczeństwo neandertalczyków było religijne, rytualne, symboliczne i miało kosmologiczne podejście do świata. Było to społeczeństwo twórczej wyobraźni. Było to społeczeństwo w przeważającej mierze partenogenetyczne i aseksualne. Tantryczna forma duchowości i poczucie duchowego przebudzenia wskazane przez Kundaliniego ukazywały aseksualną naturę i eunuchoidalność charakterystyczną dla plemienia neandertalczyków. Mózg jest miejscem twórczej wizualizacji, paranormalności i snów. W mózgu neandertalskim dominował móżdżek, tworząc stany transu, sny, telepatię, uzdrawianie psychiczne, zjawiska poltergeistyczne i religijność. Była to wysoka cywilizacja snów zapośredniczonych przez móżdżek. Móżdżek wytwarza ataksyjny zespół motoryczny oraz dysmetrię myśli. Dysmetria myśli prowadzi do autystycznego i schizofrenicznego plemienia neandertalczyków i neonandertalczyków, wytworzonego przez zmiany klimatyczne i ekspozycję w Internecie. Móżdżek jest miejscem występowania powszechnych guzów zarodkowych, a partenogeneza wywołana artefaktem jest wyższa w móżdżku produkującym przerost móżdżku, dominacja móżdżku i dysfunkcja móżdżku. Partenogeneza wywołana artefaktem powoduje dominację neandertalskiego mózgu w móżdżku i wymarzoną cywilizację neandertalczyków.

Umysł homo sapiens może charakteryzować się ego, a homo neandertalczykiem id. Cechy homo sapiens to słońce, faszyzm, psychoza, logika, nauka, przebudzenie, dorosły, dzień, Bóg, mężczyzna i yang, natomiast cechy homo neandertalczyków to komunizm, księżyc, nerwica, intuicja, religia, senny dzień, dziecko, noc, diabeł, kobieta i ying. Cro-Magnonowie byli myśliwymi, patriarchalnymi i wielbicielami słońca. Homo neandertalczycy byli czcicielami księżyca, patriarchalnymi i zbieraczami jedzenia. Homo neandertalczycy zamieszkiwali Europę i Środkowy Wschód. Gooch postulował podwójną spiralną koncepcję umysłu w przeciwieństwie do dominacji półkulistej. Podwójna spirala umysłu Goocha obejmuje móżdżek, który zajmuje się snem i kreatywnością oraz mózg zajmujący się logiką. Jego koncepcja świętego życia człowieka, podwójna helisa umysłu, miasta snów, kreacje przestrzeni wewnętrznej i podzielonego ja są obszernie opisane w jego pracy. Móżdżek jest miejscem zjawisk paranormalnych i nadprzyrodzonych i rodzi wytwory z przestrzeni wewnętrznej. Są to kreacje z przestrzeni wewnętrznej, za pośrednictwem której móżdżek tworzył podstawy dla wampirów, troglodytów, demonów i asurasów. Kora mózgowa jest miejscem ego, a móżdżek miejscem id. Móżdżek staje się dominującym miejscem dzięki artefaksie i wiroidowej partenogenezie zarodkowej. Krzyżowanie się Cro-Magnona z neandertalczykami spowodowało wybuch duchowości, artyzmu i kreatywności. Ludzkie zachowanie można wytłumaczyć podwójną spiralną koncepcją umysłu. Socjaliści są neandertalczykami i konserwatystami Cro-Magnona. Neandertalczycy mieli rude włosy ze skośnym czołem i byli czcicielami księżyca. Kult księżycowy był powszechny w Żyznym Półksiężycu, który obejmował Turcję, Egipt, Harappę, Sumerię i Arabię. Podstawą tych cywilizacji był księżyc. Społeczeństwa neandertalskie były matriarchalne, całkowicie rozwiązłe i napędzane seksem i prowadzone przez kobiety. Można je porównać z zachowaniami bonobo naczelnych. Neandertalczycy byli krótkowzroczni, leworęczni i niedowidzący. Cro-Magnony były wyższe, dalekowzroczne i praworęczne. Neandertalczycy żyli wspólnie, a Cro-Magnonowie byli monogamiczni i związani parami. Neandertalczycy mieli większy móżdżek, piknikowy typ ciała, nieatletyczny typ ciała, leworęczność, mniej łysienia typu męskiego, wydatne brwi oczu, recesywne podbródki, byli neurotyczni, a mniej psychozy, bardziej hipnotyzujący i lepszy wzrok w nocy. Fenotyp neandertalczyka można zaobserwować u osób porzucających naukę, uzależnionych, alkoholików, bezrobotnych i bezsennych. Żyli w świecie marzeń sennych i wzmożonej aktywności seksualnej, a także naprzemiennej seksualności. Neandertalczycy byli zorganizowani religijnie byli widziani na południu Europy, na wschodzie Europy wśród nietykalnych, podczas gdy Cro-Magnonowie mieli duże społeczeństwo obywatelskie i byli widziani w północnej Europie, Europie Zachodniej, wspólnotach Braminów i byli wyżsi. Polityczne idee rewolucji francuskiej, rosyjskiej i talibów były neandertalskie, podczas gdy idee nazistów i KKK były Cro-Magnonami. Neandertalczycy byli w zasadzie społeczeństwem marzycielskim, księżycowym i byli reprezentowani przez Celtów, czarownice, kabalistów, różokrzyżowców i judaistów. Nazistowska nienawiść do Żydów i zachodnia nienawiść do islamu wynikają z ich neandertalskiego pochodzenia. Homo sapiens natomiast byli czcicielami słońca. Neandertalczycy byli leworęczni i leworęczni, a Cro-Magnonowie praworęczni i prawoskrętni. The Neandertalczyk społeczeństwo reprezentować Nairs, Nagas, Sakas, Scythians, Saxons, Celts, Berbers, Sumerians, Dravidians, Harappans, Etruskowie i Egipcjanin. Księżyc był czczony w Egipcie, Babilonie, Indiach, Sumerii, Asyrii, Akkadyjczykach i Chaldejczykach. Bóg księżycowy był nazywany jako grzech i Thoth. Są to najstarsze ludzkie bóstwa i są reprezentowane przez Sziwę w Indiach. Egipski bóg Izyda, celtycki bóg Morgana, grecki bóg Artemida, Afrodyta i Selena byli przedstawicielami boga księżycowego. Wszystkie pogańskie święta zależą od cykli księżycowych. The księżycowy Bóg czcić w the Kabbala, the Talmuds, the Ur Chaldees, Harappa i w the Żyzny Półksiężyc. Cywilizacja Harappan miała Sziwę z jej półksiężycem symbolizującym księżycowy kult. Soma była bóstwem przewodniczącym ceremonii Rig Vedic i jest reprezentowana przez księżyc. Soma jest właściwie napojem z mleka, miodu, marihuany i innych ekstraktów roślinnych, które wytworzyły stan halucynacji. Kultura hinduska była neandertalska i księżycowo-centryczna, podobnie jak kolejne sekty hinduizmu Shaivite, takie jak Aghoras i Nagas. Określenie na chorobę psychiczną - szaleńca pochodziło od księżycowego kultu. Cywilizacja Cro-Magnon była przeciwieństwem, gdzie słońce było dominującym elementem, a logika - kulturą społeczeństwa. Wojny historii i nienawiść do takich cywilizacji jak Żydzi, islam i hinduiści opierały się na neandertalskim pochodzeniu i ich księżycowym kulcie.

Neandertalczycy rozwinęli się poprzez wysiew kometarnych genów reptiliańskich z kosmosu. Międzygalaktyczne porfiryny, wiroidy RNA, wiroidy DNA i wzorce replikujące archaiki magnetotaktyczne są podstawą genów kometarnych i wysiewania życia na Ziemi. Replikacja wzorca i partenogeneza są związane z ewolucją neandertalczyków. Konflikt wewnątrzgatunkowy i hybrydyzacja międzygatunkowa powoduje ekspresję genów reptiliańskich w niedoborze ludzkiego PDH, dysfunkcji mitochondriów, SLOS i porfirii. Partenogeneza i matriarchia są ze sobą powiązane, podobnie jak SLOS, aseksualność i alternatywna seksualność. Prowadzi to do powstawania anarchicznych społeczeństw anarchicznych o charakterze hierarchicznym. Równość i wrażliwość na płeć są związane z wężowym kultem Khylsta i Capracoitów - Nagów i Asurasów - Drawidiuszów i Sumerów - Punktów i Egipcjan. Matka Bogini, lud wężowy i Neandertalczycy są synonimami. The Dravidians, Celt, Egipcjanin, Żyd, Berber, Sakas, Nagas, Nairs, Asuras i Neanderthals być partenogenetyczny. Spożywali oni wysokotłuszczową dietę wysokobiałkową - mleko i miód, a także mieli utrzymującą się tolerancję dorosłych na laktozę. Przyczyniło się to do spożycia diety ketogenicznej, metabolizmu komórek macierzystych i partenogenezy. Globalne ocieplenie i zmiany klimatyczne mogą prowadzić do archaicznej endosymbiozy i neandertalizacji gatunku. Prowadzi to do hybrydyzacji międzygatunkowej i konfliktów wewnątrzgatunkowych przyczyniających się do partenogenezy. Wiroidy Archaea i RNA mogą indukować partenogenezę. Partenogeneza może prowadzić do matriarchii i dominacji samic. Partenogeneza może powodować ekspresję genów reptilianów, porfirii, pozazmysłowej percepcji i fenotypu autystycznego. Prowadzi to do powstania twórczej, duchowej i matriarchalnej populacji. Ma to podobieństwo do kolonii mrówek i pszczół. Zachowują się one jak partenogenetyczne społeczeństwa neandertalczyków. Ekspresja genów reptilianów wytwarza fenotyp SLOS, niski poziom cholesterolu i brak hormonów płciowych, co prowadzi do bezpłciowości i naprzemiennej seksualności.

Partenogeneza może prowadzić do chorób człowieka. Partenogenetyczna Ciąża somatyczna może prowadzić do raka. Zarodki partenogenetyczne zachowują się jak autoantygeny powodujące chorobę autoimmunologiczną i autoimmunologiczną. Partenogeneza i glikoliza komórek macierzystych może prowadzić do aktywacji limfocytów i choroby autoimmunologicznej. Partenogeneza w mózgu może prowadzić do wielu osobowości powodujących schizofrenię i autyzm. Partenogeneza zarodków w tkance nerwowej może prowadzić do neurodegeneracji poprzez głodowanie komórek gospodarza. Partenogeneza prowadzi do powstania fenotypu Warburga. Fenotyp Warburga przyczynia się do glikolizy beztlenowej, dysfunkcji mitochondriów i zespołu metabolicznego. Partenogeneza może prowadzić do ewolucji płciowej i naprzemiennej seksualności. Partenogeneza prowadzi do braku zapotrzebowania na rozmnażanie seksualne. Ekspresja genów reptilianów i fenotypu SLOS powoduje zubożenie cholesterolu i niedobór hormonów płciowych. Powoduje to powstanie fenotypu bezpłciowego. Ekstremalne zmiany klimatyczne mogą powodować symbiozę archeologiczną i partenogenezę. Prowadzi to do hybrydyzacji międzygatunkowej i konfliktów wewnątrzgatunkowych. Prowadzi to do powstania społeczeństwa matrilinowego i dominacji kobiet. Status samców jest niski w społeczeństwach matrilinealnych. W społeczeństwach neandertalskich dominowały kobiety. Hybrydyzacja międzygatunkowa i konflikt wewnątrzgatunkowy prowadzi do archaicznej i RNA wiroidowej partenogenezy. Ekspresja genów reptilianów wytwarza fenotyp SLOS, niski poziom cholesterolu, niskie stężenie hormonów płciowych i bezpłciowość. Prowadzi to do naprzemiennej seksualności, społeczeństw matrilinealnych, dominacji kobiet i zespołu DEVI. Przyczynia się to do powstawania fenotypu autystycznego i neandertalistycznych plemion autystycznych.

Partenogeneza wywołana zmianami klimatycznymi jest wynikiem pośrednictwa archaicznych i wiroidów RNA. Prowadzi to do powstania społeczeństwa matriliniowego, matriarchicznego i aseksualnego. Ekspresja genów reptilianów i porfirii prowadzi do generowania porfirii i pozazmysłowej percepcji. Partenogeneza i kult Bogini Matki są ze sobą powiązane. Porfiryny wytwarzają pozazmysłowe postrzeganie kwantowe i cywilizację kwantową. Prowadzi to do kreatywności i autyzmu. Powrót Nagas i Asuras z powodu zmiany klimatu jest związany z archeologiczną endosymbiozą i partenogenezą. Archaea i wiroidy mogą indukować partenogenezę. Archaea and RNA viroid indukują dysfunkcję mitochondriów i regulowaną glikolizę, co prowadzi do transformacji komórek macierzystych komórek somatycznych. Metabolizm komórek macierzystych obejmuje glikolizę beztlenową, dysfunkcję PDH, mutację CoQ 2 i dysfunkcję mitochondriów. Komórki somatyczne będące komórkami macierzystymi ulegają transformacji w układzie aktywacji immunologicznej i wydzielania cytokin, mogą być przekształcone w komórki kiełkowe - plemniki i komórki jajowe. Może to prowadzić do zapłodnienia i partenogenezy. Porfiryny są wynikiem wewnątrzgenomowej hybrydyzacji konfliktowo-gatunkowej i ekspresji genów reptiliańskich. Archaiki mogą indukować aktywację receptorów HIF alfa i toll, co prowadzi do glikolizy, dysfunkcji mitochondriów i GABA shunt. Prowadzi to również do syntezy porfiryn i porfiryn. Porfiryny mogą wytwarzać postrzeganie pozazmysłowe/kwantowe. Porfiryny mogą powodować percepcję kwantową i cywilizację kwantową istniejącą w wielorakich światach. Archaiki aktynowców i porfiryny pełnią funkcję magnetotaktyczną, czego efektem jest funkcja neuronów lustrzanych. Prowadzi to do powstania plemienia autystycznego. Kora mózgowa staje się atroficzna, a kora mózgowa dominująca, wytwarzając zaburzenie poznawcze afektywne. Hybrydyzacja międzygatunkowa i konflikt wewnątrzgatunkowy prowadzi do symbiozy archeologicznej i partenogenezy. Istnieje konflikt wewnątrzgatunkowy i hybrydyzacja międzygatunkowa powodująca to zjawisko. Skutkuje to ekspresją genów reptiliańskich i aktywacją szlaku kwasu shikimowego. Prowadzi to do zwiększonej syntezy dopaminy. Transmisja hiperdopaminergiczna może wytwarzać endemiczną chorobę la tourette z tikami motorycznymi i wokalnymi. Syczenie jak tiki wokalne doprowadziło do ewolucji języka.

Neandertalczycy spożywają dietę wysokotłuszczową o wysokiej zawartości białka, ketogenną. Prowadziło to do hibernacji, fruktolizy i fruktozemii, lipogenezy i odkładania się tłuszczu, gromadzenia się mukopolisacharydów, partenogenezy i metabolizmu komórek macierzystych, glikolizy i dysfunkcji mitochondriów. Dieta wysokotłuszczowa o wysokiej zawartości białka może prowadzić do zmniejszenia SCFA, modulowanej acetylacji histonu, ekspresji HERV i modulacji genomowej. Niski poziom krótkołańcuchowych kwasów tłuszczowych, w tym maślanu, wynikający z diety o niskiej zawartości błonnika, prowadzi do zmniejszenia ekspresji HDAC, co jest związane z ekspresją HERV. Ekspresja genu Reptilian może prowadzić do homo cystynurii i modulacji ekspresji genomowej poprzez demetylację. Neandertalizacja mózgu powoduje pozazmysłowe postrzeganie, zanik korowy, dominację móżdżku i zaburzenia poznawcze afektywne (CCAS). Współczynnik neandertalażu jest związany z neurotycznością, społecznym strachem, unikaniem społecznym, depresją, zaburzeniami dwubiegunowymi i autyzmem. Iloczynnik neandertalczyka jest związany z obawą przed obcymi, agresywnym zachowaniem i ograniczeniem społecznym. NQ jest również związany z rozwiązłością seksualną, emocjonalnym stoicyzmem i strachem w sytuacji społecznej. NQ wiąże się również z lękiem, ksenofobią, brakiem empatii, współczuciem. Współczynnik NQ jest związany z brakiem pamięci operacyjnej i świadomości oraz rozwojem pamięci długotrwałej. Współczynnik NQ jest związany z ryzykownymi zachowaniami fizycznymi, społecznymi i seksualnymi. Współczynnik NQ odnosi się do małych grup liczących 8-10 osób. Grupy neandertalczyków były małe. Grupy homo sapien liczyły 150 i były duże. NQ tworzą sojusze w ramach grup krewnych i więzi rodzinne były silne. Homo sapiens mogli tworzyć sojusze z grupami nie spokrewnionymi i rozwiniętymi dużymi cywilizacjami.

Fenotyp autystyczny i schizofreniczny został przypisany przez Leo Kannera i Bruno Bettelheima jako chłodzona matka matriarchalnego fenotypu neandertalskiego. Homo neandertalczyk jest żeńskim dominującym matriarchalnym społeczeństwem. Mózg neandertalczyka przyczynia się do zaburzenia funkcji poznawczych móżdżku z dużą częstością występowania autyzmu i schizofrenii. Prowadzi to do rodzicielskiego zimna, obsesyjności, społecznej izolacji i rytualizmu. Autystyczne i schizofreniczne neandertalskie matki rodzą autystyczne i schizofreniczne dzieci. Autyzm i schizofrenia są zaburzeniami socjalizacji. Matki dzieci autystycznych i schizofrenicznych są społecznie wycofane i zdominować ich dzieci prowadzące do tego, co jest nazywane jako zespół Mahlera lub symbiotyczny zespół psychotyczny. Jest to syndrom różnicowania i deanimacji, w którym dziecko postrzega siebie jako przedłużenie matki. Neandertalczycy mają magnetotaktyczne archaiczne i porfirynowe postrzeganie kwantowe, a dominująca matka jest niezróżnicowana psychologicznie od dzieci neandertalczyków. Dzieci neandertalczyków z matek dominujących stają się społecznie wycofane i odizolowane, co prowadzi do paleologicznego procesu myślenia przyczyniającego się do autyzmu i schizofrenii. Mózg neandertalczyków ewoluuje w wyniku symbiozy archeologicznej, a archeologiczny katabolizm cholesterolowy prowadzi do obniżenia poziomu cholesterolu i kwasów żółciowych w neandertalach. Archaiki używają cholesterolu jako substratu energetycznego i mają aktywność oksydazy cholesterolowej. Kwasy żółciowe mogą wiązać się z receptorami węchowymi i modulować zachowanie płata limbicznego i człowieka. Kwasy żółciowe biorą udział w wiązaniu społecznym, a ich niedobór w neandertalach przyczynia się do powstawania mniejszych społeczeństw i ciasnych grup rodzinnych. Niedobór kwasów żółciowych przyczynia się do zmniejszenia więzi społecznych u neandertalczyków oraz do powstawania autyzmu i schizofrenii. Relacje rodzinne w społeczeństwie matriarchalnym są napięte, co prowadzi do powstania zespołu pustej twierdzy.

Porfiryiry mają falowo-cząsteczkowe istnienie i mogą istnieć w przestrzeni międzygalaktycznej. Tworzą szablon do tworzenia abiogenetycznych organizmów izoprenoidalnych, wiroidów DNA, wiroidów RNA, podwójnych szablonów helikalnych przypominających gady. Tworzenie się wszechświata zależy od abiogenetycznego pola magnetycznego związanego z międzygalaktycznym polem magnetycznym w archaicznych archaikach. Geny kometarne pochodzące z międzygalaktycznych archaicznych i wiroidów przez asteroidalny wpływ życia nasion w ziemi. Archaiki międzygalaktyczne i geny kometarne wytworzyły ewolucję życia na Ziemi. Archeologiczne kolonie aktynowców stały się wielokomórkowe i ewoluowały w neandertalczyków. Partenogenetyczne embriony neandertalczyków mają szablon pośredniczący w replikacji.

Hybrydyzacja międzygatunkowa i konflikt wewnątrzgatunkowy doprowadziły do powstania archaicznych i wiroidowych procesów partenogenezy. Spowodowało to matriarchię i dominację samic. Ekspresja genów reptilianów i fenotyp SLOS powodowały niski poziom cholesterolu, hormonów płciowych i aseksualność. W ten sposób powstała kultura równości płci i alternatywnej seksualności. ESP wywołane przez porfirynę może prowadzić do zjednoczonej świadomości, równości i jedności. Prowadzi to do powstania anarchicznego i niehierarchicznego społeczeństwa. Neandertalizacja mózgu może prowadzić do zaburzeń poznawczych afektywnych w móżdżku. CCAS prowadzi do ewolucji złości i duchowości. CCAS prowadzi również do nielogicznych, impulsywnych aktów przyczyniających się do terroryzmu. Pozazmysłowa percepcja i ataksja spowodowana dysfunkcją móżdżku może prowadzić do kreatywności, tańca, malarstwa i sztuki.

Hybrydyzacja międzygatunkowa i konflikty wewnątrzgatunkowe mogą prowadzić do partyjogenezy - archaiki i indukcji wiroidowej. Ekspresja genów reptilianów i metabolizm komórek macierzystych prowadzi do dysfunkcji mitochondriów, niedoboru PDH, glikolizy, fruktolizy, fruktozemii, lipogenezy, zespołu hibernacji, mukopolisacharydozy i zespołu zombie. Wytwarza to zespół metaboliczny z otyłością i cukrzycą imitujący nawyki reptilianów. Hybrydyzacja międzygatunkowa i konflikty wewnątrzgatunkowe prowadzą do zmian klimatycznych, archaiczności i partenogenezy wywołanej przez wiroidy. Ekspresja genów reptilianu wytwarza HIF alfa i zwiększa aktywację immunologiczną glikolizy. Partenogeneza somatyczna jest związana z autoimmunizacją. Ekspresja genów gadów szpikułowych i synteza digoksyny prowadzi do aktywacji immunologicznej. Geny Reptilianu i ekspresja HLA są ze sobą powiązane. Geny HLA pochodzą od neandertalczyków. Indukowana przez wiroidy archaiczna i RNA aktywacja receptora poboru opłat może prowadzić do aktywacji immunologicznej. To powoduje chorobę autoimmunologiczną. Hybrydyzacja międzygatunkowa i konflikty wewnątrzgatunkowe mogą prowadzić do partenogenezy, archaiki i wiroidów wywołanych RNA. Ekspresja genu reptilianów prowadzi do porfirii. Porfiryny są związane z postrzeganiem ilościowym. Neandertalczycy są oporni na retroviral z mniejszą ekspresją HERV, co prowadzi do zaników korowych i dominacji móżdżku, przyczyniając się do CCAS. Percepcja kwantowa indukowana przez porfiryny może prowadzić do powstania cywilizacji kwantowej. Wynika to z neandertalizacji mózgu, zmniejszenia kory mózgowej. Hybrydyzacja międzygatunkowa i konflikt wewnątrzgatunkowy, jak wspomniano wcześniej, może prowadzić do partenogenezy - archaiki i wiroidy indukowane. Ekspresja genów reptilianów prowadzi do wytworzenia porfirii i porfirii wytwarzającej ESP i percepcję kwantową. Funkcjonalność neuronów lustrzanych związana jest z porfirią archaiczną. Prowadzi to do percepcji kwantowej i cywilizacyjnej, a także do biologicznej reinkarnacji.

Tabela 1. Wywiad partenogenetyczny w ciążach kobiet

Grupa	Procent
Matrilineal Nair	11
Nie-matrylinowy	2

Tabela 2. Współczynnik neandertalczyka

Grupa	NQ
Matrilineal Nair	Wysoki
Nie-matrylinowy	Niski poziom

Referencje

1. Gordon Scherer (2013). The Serpent People. Blog: Węże. Mar. 22, 2013.
2. Geher, G., Holler, R., Chapleau, D., Fell, J., Gangemi, B., Gleason, M., Rolon, V., Shimkus, A., & Tauber, B. (2017). Using Personal Genome Technology and Psychometrics to Study the Personality of the Neanderthals. *Human Ethology Bulletin*, 3, 34-46.

ROZDZIAŁ 2
SKAMIENIAŁE NEANDERTALSKIE SPOŁECZEŃSTWA MATRILINOWE - NEONEANDERTALSKIE HYBRYDY, ENDOSYMBIOTYCZNE ARCHAIKI AKTYNOWCÓW I CHOROBY CYWILIZACYJNE

Wprowadzenie

Stwierdzono, że ludzki genom ma do 10 procent neandertalskich genów. Neandertalskie hybrydy z homo sapiens są powszechne w globalnej populacji. W społeczności Nair w Kerali występuje wysoka częstość występowania autyzmu, schizofrenii i fenotypów antropometrycznych neandertalczyków. Społeczność Nair jest matrilineal i jest jednym z niewielu funkcjonalnych matriarchii na świecie i mówi językiem Dravidian z podobieństwami do społeczeństw celtyckich, scytyjskich, berberyjskich i baskijskich. Mózg autystyczny jest porównywalny do wielkiego mózgu neandertalskiego. [1] Autystyczne i schizofreniczne wzorce metaboliczne obejmują niską aktywność dehydrogenazy pirogronianowej, dysfunkcję mitochondriów, dominujący shunt GABA, fenotyp glikolityczny Warburga, hiperamonemię, hiperhomocysteinemię, porfirię, niski poziom cholesterolu i kwasu żółciowego. [2] Podobny schemat metabolizmu autystycznego obserwuje się w prawidłowej populacji Nair w Kerali. Neandertalskie wzorce metaboliczne obejmują niską wydajność aktywności PDH. [3] Autystyczne, schizofreniczne i matrilinowe społeczeństwa, takie jak Nair, mogą być uważane za skamieniałe pozostałości populacji neandertalczyków. [4] Endosymbiotyczne archaiki aktynowców wykorzystujące cholesterol jako substrat energetyczny zostały opisane w chorobach układowych z naszego laboratorium. [2] Populacja autystyczna, schizofreniczna i Nair zwiększyła aktywność cytochromu F420 zależnego od aktynowców, co wskazuje na wzrost endosymbiotycznych archaikach. Archealna indukowana PDH i tłumienie mitochondriów prowadzi do autystycznej i schizofrenicznej kaskady metabolicznej. Zwiększony wzrost archeologiczny w warunkach ekstremofilnych epoki lodowcowej przyczyniłby się do rozwoju populacji neandertalczyków. [5] Istnieje rosnąca epidemia autyzmu i schizofrenii wskazująca na neandertalizację gatunku ludzkiego z powodu globalnego ocieplenia, ekstremalnych zmian klimatycznych i wzrostu archeologicznego. Samo globalne ocieplenie może być interpretowane jako rezultat zwiększonego wzrostu archeologicznego i metanogenezy. Wskazywałoby to na pojawienie się fenotypu kulturowego, językowego, psychologicznego, neurologicznego, metabolicznego, immunologicznego i antropometrycznego - homo archaeax neanderthalis. Celem badań było wykrycie skamieniałych społeczeństw neandertalczyków i nowych hybryd neandertalczyków w odniesieniu do chorób cywilizacyjnych.

Materiały i metody

Do badań wybrano cztery grupy, po 25 numerów w każdej z nich - populację autystyczną zdiagnozowaną według kryteriów DSM, prawidłową populację Nair, prawidłową populację non-Nair oraz grupę chorób cywilizacyjnych, w tym zespół metaboliczny X, chorobę Alzheimera, raka, schizofrenię i stwardnienie rozsiane. Zbadano charakterystykę matrilinową i antropometryczną neandertalczyków w populacji normalnej Nair i nienairskiej, a także w populacji autystycznej i schizofrenicznej. Próbki krwi pobierano w stanie postu przed rozpoczęciem leczenia. W pobranych próbkach krwi oznaczono aktywność cytochromu F420, aktywność oksydazy cholesterolowej - oksydazy pierścieniowej cholesterolu, aktywność oksydazy bocznego łańcucha cholesterolowego i aktywność aromatazy cholesterolowej, digoksynę, mleczan, pirogronian, amoniak, ATP, glutaminian, acetylo CoA, acetylocholinę, ALA, homocysteinę, poziom cholesterolu i kwasu żółciowego oraz aktywność cyto C i heksokinazy. Archeologiczny katabolizm cholesterolowy badano w następujący sposób - stosowano osocze z heparynizowanej krwi na czczo, a protokół doświadczalny był następujący: (I) Osocze + sól fizjologiczna buforowana fosforanem, (II) taka sama jak substrat I+cholesterolu, (III) taka sama jak II+cerium 0,1 mg/ml, oraz (IV) taka sama jak II+profloksacyna i doksycyklina, każda w stężeniu 1 mg/ml. Podłoże cholesterolowe zostało przygotowane w sposób opisany przez Richmond. Pozostałości wycofywano w czasie zerowym bezpośrednio po zmieszaniu i po inkubacji w temperaturze 37 ^{o}C przez 1 godzinę. Przeprowadzono następujące oznaczenia: - cytochrom F420, wielopierścieniowy węglowodór aromatyczny, nadtlenek wodoru, pirogronian, amoniak, glutaminian, digoksyna, maślan, propionian i kwasy żółciowe. Cytochrom F420 oceniano metodą mącznikową (długość fali wzbudzenia 420 nm i długość fali emisji 520 nm). Wielopierścieniowe węglowodory aromatyczne oceniano poprzez pomiar nadtlenku wodoru uwalnianego za pomocą odczynnika glukozowego. Do badań uzyskano świadomą zgodę osób badanych oraz zgodę komisji etycznej. Analiza statystyczna została przeprowadzona przez ANOVA.

Tabela 1. Występowanie autyzmu w populacji Nair, autystycznej i nienairskiej

Grupy	Autyzm	Procent
Nair	68 przypadków	68
Inne niż Nair	32 przypadki	32
Razem	100	

Tabela 2. Zachorowalność na schizofrenię w populacji Nair i poza nią

Grupy	Schizofrenia	Procent
Nair	30 przypadków	30
Inne niż Nair	70 przypadków	70
Razem	100	

(populacja Nair stanowi 7% populacji Kerali)

Tabela 3. Cechy antropometryczne w populacji Nair, autystycznej i nienairskiej

Grupy	Antropometria neandertalska	Razem	Procent
Nair	72 przypadki	100	72
Inne niż Nair	21 przypadków	100	21
Autyzm	81 przypadków	100	81

Tabela 4. Metabolizm autystyczny

		Nair	Inne niż Nair	Schizo	AD	MS	Rak	DM	Autyzm	Wartość F	Wartość P
RBC Digoxin (ng/ml RBC Susp)	Mean	1.41	0.18	1.38	1.10	1.21	1.27	1.35	1.19	60.288	< 0.001
	± SD	0.23	0.05	0.26	0.08	0.21	0.24	0.26	0.24		
Cytochrom F 420	Mean	4.00	0.00	4.00	4.00	4.00	4.00	4.00	4.00	0.001	< 0.001
	± SD	0.00	0.00	0.00	0.00	0.00	0.00	0.00	0.00		
H2O2 (umol/ml RBC)	Mean	278.29	111.63	274.88	277.47	280.89	278.19	280.89	274.52	713.569	< 0.001
	± SD	7.74	5.40	8.73	10.90	11.25	12.80	10.58	9.29		
NOX (OD diff/hr/mgpro)	Mean	0.04	0.01	0.04	0.04	0.03	0.04	0.04	0.04	44.896	< 0.001
	± SD	0.01	0.00	0.01	0.01	0.01	0.01	0.01	0.01		
TNF ALP (pg/ml)	Mean	78.63	9.29	78.23	79.65	80.18	79.18	78.36	76.71	427.654	< 0.001
	± SD	5.08	0.81	7.13	5.57	5.67	5.88	6.68	5.25		
ALA (umol24)	Mean	63.50	3.86	66.16	67.32	64.00	67.67	64.72	68.16	295.467	< 0.001
	± SD	6.95	0.26	6.51	5.40	7.33	5.69	6.81	4.92		
SE ATP (umol/dl)	Mean	2.24	0.02	1.26	2.06	1.63	1.48	1.97	2.03	67.588	< 0.001
	± SD	0.44	0.01	0.19	0.19	0.26	0.32	0.11	0.12		
Cyto C (ng/ml)	Mean	12.39	1.21	11.58	11.94	11.81	13.00	12.95	12.48	445.772	< 0.001
	± SD	1.23	0.38	0.90	0.86	0.67	0.42	0.56	0.79		
Laktat (mg/dl)	Mean	25.99	2.75	22.07	22.04	23.32	22.20	25.56	21.95	162.945	< 0.001
	± SD	8.10	0.41	1.06	0.64	1.10	0.85	7.93	0.65		
Pirwat (umol/l)	Mean	100.51	23.79	96.54	97.26	102.48	96.58	96.30	92.71	154.701	< 0.001
	± SD	12.32	2.51	9.96	8.26	13.20	8.75	10.33	8.43		
Heksokinaza RBC (ug glu phos/ hr/mgpro)	Mean	5.46	0.68	7.69	8.46	8.56	7.82	7.05	6.95	18.187	< 0.001
	± SD	2.83	0.23	3.40	3.63	4.75	3.51	1.86	2.02		
ACOA (mg/dl)	Mean	2.51	16.49	2.51	2.19	2.03	2.34	2.17	2.42	1871.04	< 0.001
	± SD	0.36	0.89	0.57	0.15	0.09	0.43	0.40	0.41		
ACH (ug/ml)	Mean	38.57	91.98	48.52	42.84	39.99	42.51	41.31	50.61	116.901	< 0.001
	± SD	7.03	2.89	6.28	8.26	12.61	11.58	10.69	6.32		
Glutaminian (mg/dl)	Mean	3.19	0.16	3.41	3.53	3.58	3.28	3.53	3.30	200.702	< 0.001
	± SD	0.32	0.02	0.41	0.39	0.36	0.39	0.44	0.32		
Se. Amoniak (ug/dl)	Mean	93.43	23.92	94.72	95.37	93.42	93.20	93.38	94.01	61.645	< 0.001
	± SD	4.85	3.38	3.28	4.66	3.69	4.46	7.76	5.00		
Kwas żółciowy (mg/ml)	Mean	25.68	140.40	22.45	26.26	24.12	23.43	22.77	23.16	635.306	< 0.001
	± SD	7.04	10.32	5.57	7.34	6.43	6.03	4.94	5.78		
Cholesterol (mg/dl)	Mean	129.23	237.36	126.31	130.14	126.67	130.52	129.23	125.86	312.947	< 0.001
	± SD	10.03	38.07	6.93	6.64	5.70	8.01	5.97	7.79		
Homocysteina (mg/dl)	Mean	37.49	9.18	31.50	31.75	38.39	39.64	39.38	41.55	46.516	< 0.001
	± SD	9.17	0.80	4.07	4.62	8.75	9.21	7.00	7.62		

Tabela 5. Aktywność oksydazy cholesterolowej

		Nair	Inne niż Nair	Schizo	AD	MS	Rak	DM	Autyzm	Wartość F	Wartość P
CYT F420 % (Zwiększyć za pomocą Ceru)	Mean	23.46	4.48	23.24	23.12	22.12	22.79	22.59	21.68	306.749	< 0.001
	± SD	1.87	0.15	2.01	2.00	1.81	2.13	1.86	1.90		
CYT F420 % (Zmniejszyć za pomocą Doxy+Cipro)	Mean	59.27	18.24	58.72	56.90	61.33	55.90	57.05	57.93	130.054	< 0.001
	± SD	8.86	0.66	7.08	6.94	9.82	7.29	8.45	9.64		
WWA % zmiana (Zwiększyć za pomocą Ceru)	Mean	22.67	4.45	23.01	23.26	22.83	22.84	23.40	22.61	391.318	< 0.001
	± SD	2.29	0.14	1.69	1.53	1.78	1.42	1.55	1.42		
WWA % zmiana (Zmniejszyć za pomocą Doxy+Cipro)	Mean	57.69	18.25	59.49	60.91	59.84	66.07	65.77	64.48	257.996	< 0.001
	± SD	5.29	0.72	4.30	7.59	7.62	3.78	5.27	6.90		
Digoksyna (ng/ml) (Zwiększyć za pomocą Ceru)	Mean	0.51	0.11	0.55	0.55	0.52	0.54	0.47	0.53	135.116	< 0.001
	± SD	0.05	0.00	0.06	0.03	0.03	0.04	0.04	0.08		
Digoksyna (ng/ml) (Zmniejszyć za pomocą Doxy+Cipro)	Mean	0.20	0.05	0.22	0.19	0.21	0.21	0.20	0.21	71.706	< 0.001
	± SD	0.03	0.00	0.04	0.04	0.03	0.04	0.03	0.04		
Kwasy żółciowe zmiana % (zwiększenie za pomocą ceru)	Mean	22.61	4.29	23.20	22.12	21.95	22.98	22.87	22.21	290.441	< 0.001
	± SD	2.22	0.18	1.87	2.19	2.11	2.19	2.58	2.04		
Kwasy żółciowe zmiana % (Zmniejszyć za pomocą Doxy+Cipro)	Mean	66.62	18.15	57.04	62.86	65.46	64.96	64.51	63.84	203.651	< 0.001
	± SD	4.99	0.58	4.27	6.28	5.79	5.64	5.93	6.16		
Pirogronian zmiana % (zwiększenie za pomocą ceru)	Mean	20.94	4.34	20.99	22.63	21.59	21.19	20.67	21.91	321.255	< 0.001
	± SD	1.54	0.21	1.46	0.88	1.23	1.61	1.38	1.71		
Pirogronian zmiana % (Zmniejszyć za pomocą Doxy+Cipro)	Mean	62.76	18.43	61.23	56.40	60.28	58.57	58.75	58.45	115.242	< 0.001
	± SD	8.52	0.82	9.73	8.59	9.22	7.47	8.12	6.66		
H2O2 % (Zwiększyć za pomocą Ceru)	Mean	23.81	4.43	22.50	22.65	21.14	23.35	23.27	23.52	380.721	< 0.001
	± SD	1.19	0.19	1.66	2.48	1.20	1.76	1.53	1.49		
H2O2 % (Zmniejszyć za pomocą Doxy+Cipro)	Mean	61.08	18.13	60.21	60.19	60.53	59.17	58.91	63.24	171.228	< 0.001
	± SD	7.38	0.63	7.42	6.98	4.70	3.33	6.09	7.36		
Maślan % (Zwiększyć za pomocą Ceru)	Mean	22.29	4.41	21.88	23.66	22.92	23.81	24.10	22.76	403.394	< 0.001
	± SD	1.33	0.15	1.19	1.67	2.14	1.90	1.61	2.20		
Maślan %	Mea	65.3	18.6	66.28	65.9	67.5	66.9	65.7	67.6	680.284	< 0.001

		Nair	Inne niż Nair	Schizo	AD	MS	Rak	DM	Autyzm	Wartość F	Wartość P
(Zmniejszyć za pomocą Doxy+Cipro)	n	8	3		7	4	5	8	3		
	± SD	3.62	0.12	3.60	3.36	3.65	3.67	4.43	3.52		
Propionian % zmiana (Zwiększyć za pomocą Ceru)	Mean	22.13	4.34	23.02	23.09	21.93	23.12	22.73	22.79	348.867	< 0.001
	± SD	2.14	0.15	1.65	1.81	2.29	1.71	2.46	2.20		
Propionian % zmiana (Zmniejszyć za pomocą Doxy+Cipro)	Mean	66.26	18.24	67.61	65.86	63.70	65.12	65.87	64.26	364.999	< 0.001
	± SD	3.93	0.37	2.77	4.27	5.63	5.58	4.35	6.02		
Syntaza ATP % (Zwiększyć za pomocą Ceru)	Mean	4.40	23.67	23.09	23.58	23.52	24.01	23.72	22.60	449.503	< 0.001
	± SD	0.11	1.42	1.90	2.08	1.76	1.17	1.73	1.64		
Syntaza ATP % (Zmniejszyć za pomocą Doxy+Cipro)	Mean	18.78	67.39	66.15	66.21	67.05	66.66	66.25	66.86	673.081	< 0.001
	± SD	0.11	3.13	4.09	3.69	3.00	3.84	3.69	4.21		
Heksokinaza zmiana % (zwiększenie za pomocą ceru)	Mean	4.21	23.01	23.33	22.96	22.81	22.53	23.23	22.88	292.065	< 0.001
	± SD	0.16	2.61	1.79	2.12	1.91	2.41	1.88	1.87		
Heksokinaza zmiana % (Zmniejszyć za pomocą Doxy+Cipro)	Mean	18.56	65.87	62.50	65.11	63.47	64.29	65.11	65.45	317.966	< 0.001
	± SD	0.76	5.27	5.56	5.91	5.81	5.44	5.14	5.08		

Wyniki

Wyniki badania były następujące. Grupa Nair, schizofreników i autystyków miała: (1) zwiększona aktywność cytochromu F420, aktywność oksydazy cholesterolowej, aktywność oksydazy pierścieniowej, aktywność aromatazy i synteza digoksyny, (2) zmniejszona aktywność PDH, na co wskazuje zwiększone stężenie pirogronianów i mleczanów przy niskim poziomie acetylo CoA, (3) zwiększona glikoliza, na co wskazuje zwiększona aktywność heksokinazy i dysfunkcja mitochondriów, na co wskazuje zwiększona aktywność cyto C w surowicy i niskie poziomy ATP, (4) miał niski poziom cholesterolu i kwasu żółciowego oraz zwiększony poziom homocysteiny, (5) miał zwiększony szlak bocznicowy GABA, na co wskazują zwiększone poziomy pirogronianu, glutaminianu i amoniaku, oraz (6) miał zwiększoną syntezę porfiryn z substratów glicyny i sukcynylu CoA pochodzących ze szlaku bocznicowego GABA, na co wskazują zwiększone poziomy ALA. Grupa Nair, schizofreników, autystyków i cywilizacyjnych schorzeń miała cechy metabolizmu neandertalczyków, na co wskazywała supresja dehydrogenazy pirogronianowej.

W społeczności Nair w Kerali, gdzie 68% populacji pacjentów z autyzmem na 1500 osób uczęszcza do Centrum Metabolicznego należącego do tej wspólnoty matriliniowej, obserwuje się wzrost zachorowalności na autyzm i schizofrenię. Częstość występowania schizofrenii w społeczności Nair wynosi około 30 procent. Populacja autystyczna, schizofreniczna i populacja Nair ma antropometryczny fenotyp neandertalczyka ze skośnym czołem, dużą twarzą, zaciętym nosem, wyraźnymi żuchwami, niskim stosunkiem 2D:4D, dużym grubym tułowiem, makrocefalią i dłuższym drugim palcem w porównaniu do dużego palca.

Dyskusja

Społeczeństwa matereliniczne i neandertalskie hybrydy

Raporty wskazują, że mózg autystyczny jest większy i podobny do mózgu neandertalczyka. [6-8] Społeczeństwa neandertalskie były matrilinealne i matriarchalne z dominacją kobiet. Matrylinowość autystyczna, schizofreniczna i Nair również miały podobieństwa do klastrów neandertalskich. Kultura matrylinowa i matriarchia są postrzegane w społeczeństwach Nair i mówią one językiem Dravidiańskim. Język i kultura matrylinearna społeczności Nair jest podobna do celtyckich, baskijskich, berberyjskich i scytyjskich społeczeństw. Matrylicowe społeczeństwo Nair z dużą częstością występowania autyzmu i neandertalskich cech antropometrycznych stanowiłoby skamieniałe pozostałości ludności neandertalskiej wraz z celtyckimi, żydowskimi, sumeryjskimi, minojskimi, harappańskimi, scytyjskimi, baskijskimi, południowoafrykańskimi buszmenami i berberyjskimi społeczeństwami. Społeczeństwa te charakteryzują się przede wszystkim wykorzystaniem lingwistyki Dravidowskiej. Opisane powyżej skamieniałe społeczeństwa neandertalskie zamieszkują prawdopodobnie mitologiczny kontynent lemurski, którego pozostałości opisano pod oceanem indyjskim. Koniec epoki lodowcowej spowodował powodzie i rozpad Lemurii, a ludność wyemigrowała do euroazjatyckiej masy ziemskiej tworząc cywilizację harappańską, sumeryjską, egipską, celtycką i minojską, które wszystkie były współtworzone przez Dravidów i matrilinę. Można je porównać do mitologicznych Asurasów w Wedach, których społeczeństwo było również matrilinealne. Istniała równość płci i matriarchalna dominacja. Społeczeństwo asurystyczne Wedów było demokratyczne i bardziej równe. Posiadały one pozazmysłowe zdolności percepcyjne i skrajną formę duchowości. Społeczeństwo asurystyczne jest reprezentowane w Dravidian South India, gdzie obchodzone są takie festiwale jak Onam z okazji święta króla Asura Mahabali. Jest to antropologiczny dowód na asurystyczne pochodzenie Drawidów. The Dravidians oryginalnie przypuszczać ewoluować na the kontynent Lemuria w the India ocean. Ślady tego ogromnego superkontynentu obejmującego masy lądowe południowych Indii, Południowej Afryki, Australii i Antarktydy zostały wykryte w dnie oceanu indyjskiego. Niektóre choroby, takie jak zwłóknienie mięśnia sercowego, przewlekłe kalcystyczne zapalenie trzustki, wole wieloguzkowe i angiopatia błony śluzowej są specyficzne dla południowych Indii, Afryki Południowej i australijskich aborygenów. Wszystkie te społeczności południowo-indyjskie, w tym Nairs, buszmeni i australijscy Aborygenowie mówią w językach Dravidian związanych i są matrilineal. Te endemiczne choroby zostały związane z aktynowców monazytem i illmenitem widzianych na brzegach oceanu Południowych Indii, Południowej Afryki i Australii. Jest to kolejny medyczny dowód antropologiczny na pochodzenie matrilinealnych neandertalicznych społeczności asurystycznych z superkontynentu lemuryjskiego. Ten superkontynent obejmował również części Antarktydy. Neandertalski kolor skóry był jaśniejszy i bardziej sprawiedliwy, aby zwiększyć absorpcję promieniowania UV i skorygować niedobór witaminy D widoczny w tych grupach, który powstałby w antarktycznej części superkontynentu Lemuria. Życie wywodzi się z superkontynentu lemuryjskiego na podłożach aktynowych tworzących pierwotne archeologiczne komórki, które ewoluowały do form wielokomórkowych. Pochodzenie neandertalskie byłoby związane z masową ekstremofilną ekspansją archeologiczną, która miała miejsce w epoce lodowcowej. Opisy Asuras of Vedas i Rig vedic pasowałyby do południowo-polarnego pochodzenia epiku. Zasada bóg Rig veda był Varuna który był oceanic bóg i Asura. The inny Bóg the Rig Veda-Rudra, Vayu i Agni być także Asuras. Bogowie mogą wskazywać południowy Lemuriański początek dla Wedyjski mitologia i swój asuryczny Wedyjski Bóg. Społeczeństwo asuryjskie było demokratyczne, bardziej społeczne, duchowe, eko-świadome, równe płci, matrilinealne i socjalistyczne. Skończyła się epoka lodowcowa, a następujące po niej powodzie oraz potężne tsunami na Oceanie Indyjskim rozbiły lemuryjską masę lądową. Zostało to opisane w literaturze wedyjskiej o Dravidiańskim Królu Manu, który przeżył powódź i wyemigrował na północ do Euroazjatyckiej masy lądowej. The asuric Dravidians kto migrować północ rozwijać the nowożytny miasto Harappa i Mohenjo-Daro, Sumeria, Minoan cywilizacja Kreta, the Egipski cywilizacja, the Baskijski Celt i Berber społeczeństwo. Mitologia tych matrilinealnych społeczeństw ma Sivę jako ich boga, identyfikowanego w różnych nazwach, takich jak Minoan Zeus, Celtycki Cerannos czy Dragda irlandzka. Język tych społeczeństw może być powiązany z Dravidianem, a struktura społeczeństwa była matrilinealna jak Asuras. Grupy homo sapien ewoluowały w Afryce w stosunku do sekwencji HERV w ludzkim genomie. Sekwencje HERV w genomie przyczyniły się do płynności i dynamiki genomu prowadząc do ewolucji przedczołowej kory mózgowej dominującej homo sapien. Homo sapiens migrował z Afryki na północ w centralnej Euroazjatyckiej masie lądowej. Byli prymitywnym społeczeństwem koczowniczym bez kultury miejskiej, mitologii, języka czy sztuki. Devas z Rig Veda będą te grupy homo sapiens, które migrowały z Afryki do Europy w późniejszym okresie i osiedliły się w środkowej Eurazji z ich jaśniejszym kolorze jako adaptacja do zwiększonej absorpcji promieniowania UV i syntezy witaminy D w chłodniejszych regionach. Bitwy między Asuras i Devas były próby przez środkowoazjatyckiej populacji homo sapien homo, aby pokonać i podporządkować Asuras zamieszkał w dolinie Indus i stworzył cywilizację w Harappa i Mohenjo-Daro. Pokonani asuryjni Drawidianie z Mohenjo-Daro i Harappy wyemigrowali na południe i osiedlili się w swoich pierwotnych ziemiach ojczystych w południowych Indiach. Matrylicowa społeczność Dravidian Nair z podwyższonym wskaźnikiem autyzmu należy do tej grupy.

metabolika autystyczna i neandertalska

Wzorce metaboliczne autystyczne, schizofreniczne i Nair miały podobieństwa do populacji neandertalczyków. Neandertalczycy mają niską aktywność dehydrogenazy pirogronianowej. [9] Dieta Neandertalczyków była bogata w białko i tłuszcze, a niska w węglowodany. Ciało ketonowe zostało wykorzystane jako paliwo energetyczne i nie potrzebuje receptora insulinowego do metabolizmu. Dlatego oporność na insulinę powstała w ramach diety neandertalskiej, a fenotyp neandertalczyka jest zbliżony do fenotypu zespołu metabolicznego. Ponieważ zapotrzebowanie na metabolizm glukozy było mniejsze ze względu na spożycie wysokotłuszczowej, wysokobiałkowej diety, enzym dehydrogenazy pirogronianowej ewoluowałby w system o niskiej wydajności. Insulinooporność przyczyniłaby się do lipogenezy jako adaptacja ochronna przed zimnym klimatem epoki lodowcowej. Insulinooporność i dieta ketogeniczna przyczyniłyby się do zwiększenia długowieczności populacji neandertalczyków. Insulinooporność była związana z autyzmem. Niedobór dehydrogenazy pirogronianowej prowadzi do niskiego poziomu acetylo CoA. Prowadzi to do obniżenia regulowanego szlaku mewalonianu i niskiej syntezy cholesterolu. Niski poziom cholesterolu jest związany z autyzmem. Zespół Smith Lemli Opitz jest związany z autyzmem i schizofrenią. Niski poziom cholesterolu przyczyniłby się do niedoboru witaminy D w neandertalach. Niedobór witaminy D i krzywicy wyjaśniłby nieprawidłowości szkieletowe i makrocefalia Neandertalczyków. Niedobór witaminy D doprowadziłby do bardziej sprawiedliwej karnacji Neandertalczyków w związku ze zwiększoną potrzebą wchłaniania przez skórę promieni UV w celu promowania zwiększonej syntezy witaminy D, aby skorygować jej niedobór. Katabolizujące cholesterol endosymbiotyczne archaiki aktynowców zostały opisane w naszym laboratorium w chorobie układowej i neuropsychiatrycznej. W populacji autystycznej, schizofrenicznej i normalnej Nair występuje zwiększona aktywność cytochromu F420 zależnego od aktynowców. Wskazuje to na zwiększony wzrost endosymbiotyczny archaiczny, który hamuje aktywność dehydrogenazy pirogronianowej. Autystyczne, schizofreniczne i Nair schematy metaboliczne obejmują niską wydajność aktywność dehydrogenazy pirogronianu przyczyniając się do kwasicy pirogronianowej. Pirogronian nie jest przekształcany w acetyl CoA. Niedobór acetylu CoA prowadzi do wad oksydacyjnego fosforylowania mitochondrialnego i dysfunkcji mitochondriów. Energia uzyskiwana jest z glikolizy, co prowadzi do powstania fenotypu Warburga. Aktywność heksokinazy zależnej od aktynowców oraz aktywność syntazy ATP zależnej od aktynowców były wysokie, ale poziom ATP we krwi był niski. Aktywność cytochromu C we krwi była wysoka, co wskazuje na dysfunkcję mitochondriów. Pirogronian jest kierowany na drogę bocznikową GABA do glutaminianu. Na glutaminian oddziałuje dehydrogenaza glutaminianowa wytwarzająca amoniak, która działa jak gazotransmiter modulujący funkcję i świadomość GABA/NMDA hormonu talamowo-ortalowego. Ścieżka bocznicowa GABA generuje również sukcynyl CoA i glicynę, które są substratami do syntezy porfiryn, przyczyniając się do rozwoju porfirynurii. Ponieważ glicyna jest wykorzystywana do syntezy porfiryn, nie jest ona dostępna do syntezy cystationiny. Przyczynia się to do hiperhomocysteinemii i hipermetionemii modulującej wzorce metylacji genomowej. Hiperhomocysteinemia, hiperamonemia i porfirynuria są charakterystyczne dla autyzmu i schizofrenii. Niski poziom acetylo CoA prowadzi do niskiej syntezy cholesterolu i niskiego poziomu kwasu żółciowego, a także syntezy witaminy D. Witamina D i kwasy żółciowe wiążą się z VDR wytwarzając immunosupresję, a ich niedobór przyczynia się do autoimmunizacji autyzmu i schizofrenii. Niedobór witaminy D i kwasów żółciowych może modulować rozwój neokorty i przyczyniać się do autyzmu i schizofrenii. Niski poziom cholesterolu może przyczynić się do niskiego poziomu hormonów płciowych i mniej dobrze określone fenotypy płci w autyzmie i schizofrenii. Dehydrogenaza pirogronianowa stanowi część systemu enzymów 2-oksydowych dehydrogenaz, które były niewystarczające w neandertalach, schizofrenikach i grupach autystycznych. Pozostałe enzymy obejmują dehydrogenazę ketonokwasową o rozgałęzionych łańcuchach, enzym dekarboksylazy glicynowej - dekarboksylazy glicynowej, które są niewystarczające w autyzmie, schizofrenii i neandertalach. Niedobór dehydrogenazy ketonowej w łańcuchu rozgałęzionym prowadzi do wzrostu ilości aminokwasów rozgałęzionych - leucyny, izoleucyny i waliny. Wzrost zawartości aminokwasów o rozgałęzionych łańcuchach prowadzi do rozwoju zespołu metabolicznego X i cukrzycy typu mellitus. Wzrost ilości aminokwasów o rozgałęzionych łańcuchach może również powodować aktywację immunologiczną i choroby autoimmunologiczne. Wzrost zawartości aminokwasów o rozgałęzionych łańcuchach może wpływać na transport tryptofanu i tyrozyny przez neutralny transporter aminokwasów, prowadząc do niedoboru transmisji monoaminowej. Aminokwasy rozgałęzione mogą zwiększać aktywację NMDA powodując pobudliwość neuronów, przyczyniając się do zaburzeń neurodegeneracyjnych. Zmiany w transmisji NMDA i monoaminowej mogą prowadzić do chorób neuropsychiatrycznych. Aminokwasy o rozgałęzionych łańcuchach mogą zwiększać masę i siłę mięśni, przyczyniając się do powstania fenotypu neandertalskiego. Niedobór enzymu rozszczepienia glicyny - dekarboksylazy glicyny może prowadzić do akumulacji glicyny. Aminokwasy rozgałęzione same hamują enzym dekarboksylazy glicyny. Niedobór PDH prowadzi do zwiększonej glikolizy, przyczyniając się do zwiększonej syntezy fosfogliceranu, fosfoseryny i seryny. Seryna L jest przekształcana przez racemazę seryny na serynę D. Seryna D i glicyna mogą zwiększać transmisję NMDA, przyczyniając się do rozwoju chorób neuropsychiatrycznych, takich jak autyzm i schizofrenia, a także neurodegeneracja. Sama glicyna jest neurotransmitorem hamującym w mózgu. Serynka jest immunologicznie aktywująca przyczyniając się do choroby autoimmunologicznej. Glicyna jest immunosupresyjna. Stosunek seryna/glicyna może modulować odporność i transmisję NMDA. Serynka może przyczyniać się do proliferacji komórek i raka. Glicyna z drugiej strony hamuje proliferację komórek. Seryna poprzez działanie transferazy palmitoilowej może generować sfingolipidy. Deoksyspingolipidy są aterogenne i przyczyniają się do powstania zespołu metabolicznego X. Tak więc 2 dehydrogenazy oksykwasowe - dehydrogenaza pirogronianowa, dehydrogenaza ketonowa rozgałęziona i dysfunkcja dekarboksylazy glicynowej u neandertalczyków oraz autyzm mogą przyczyniać się do rozwoju neuropsychiatrii, neurodegeneratywności, nowotworów, chorób autoimmunologicznych i zespołu metabolicznego. Zmiany stosunku seryny do glicyny oraz kwasów organicznych występują w autyzmie, schizofrenii, chorobach autoimmunologicznych, nowotworach, zespole metabolicznym i zwyrodnieniach. Jak już wcześniej wspomniano, hiperamonemia, porfiria i hiperhomocysteinemia w autyzmie i schizofrenii są spowodowane przez geny neandertalskie i metabolizm neandertalczyków.

Metabolizm autystyczny i choroby układowe

Autystyczny i schizofreniczny neandertaliczny fenotyp metaboliczny występuje również w raku, chorobie autoimmunologicznej, zwyrodnieniach, zespole metabolicznym X, który może współistnieć ze schizofrenią. Jest to spowodowane neuropatią pochwy z powodu wadliwej syntezy acetylocholiny wynikającej z braku substratu acetylu CoA. Prowadzi to również do nadmiernej aktywności współczulnej. Neuropatia pochwy jest związana z aktywacją immunologiczną i chorobą autoimmunologiczną. Neuropatia pochwowa może przyczyniać się do zwiększenia insulinooporności i zwiększenia aktywności współczulnej do transformacji nowotworowej. Syntetyczny defekt cholesterolu prowadzi do wadliwej synaptogenezy obserwowanej w autyzmie i schizofrenii. Niedobór kwasu żółciowego pochodzenia cholesterolowego i witaminy D może przyczyniać się do schizofrenii i autyzmu. Cholesterol jest zaangażowany w hamowanie kontaktu i gdy membrany są wadliwe może prowadzić do proliferacji komórek. Niski poziom cholesterolu prowadzi do niskiego poziomu witaminy D i kwasu żółciowego, z których oba wiążą się z VDR produkujących immunosupresję. Może to przyczyniać się do autoimmunizacji. Niedobór witaminy D może przyczyniać się do oporności na insulinę i fenotypu zespołu metabolicznego u neandertalczyków. Kwasy żółciowe działają jak hormony regulujące metabolizm lipidów i glukozy, a ich niedobór może również przyczyniać się do rozwoju zespołu X i insulinooporności. Fenotyp Warburga może również przyczyniać się do powstawania chorób cywilizacyjnych. Wzrost heksokinazy porów mitochondrialnych PT może przyczyniać się do proliferacji komórek i raka. Wzrost GAPD (dehydrogenazy gliceraldehydowo-3-fosforanowej) może przyczynić się do jej rybosylacji ADP i śmierci komórek jądrowych. Wzrost glikolizy może przyczynić się do aktywacji limfocytów i chorób autoimmunologicznych. Geny MHC są pochodzenia neandertalskiego, a autoimmunizacja jest związana z neandertalskimi allelami MHC. Przeciwciała autoimmunologiczne i przeciwciała przeciw-mózgowe są charakterystyczne dla autyzmu i schizofrenii. Fosfogliceran, metabolit glikolityczny, może być przekształcony w seryna - modulator receptora NMDA i glicynę - neurotransmitera hamującego. Wzrost zawartości 1,6 difosforanu fruktozy powoduje jego kierowanie do szlaku fosforanu pentozy, generującego NADPH stymulujący NOX i stres redoks przyczyniający się do rozwoju choroby. NOX jest również zaangażowany w aktywność NMDA. W schizofrenii ważny jest stres redoksowy i zwiększona aktywność NMDA przyczyniające się do dysfunkcji szlaku wzgórzowo-kortyko-okulistycznego. W ten sposób generowanie atawistycznego archetypów metabolicznych, immunologicznych i neuronalnych może przyczynić się do schizofrenii.

Archaiczne archaiki aktynowców i neandertalskie hybrydy

Dalszy wzrost wzrostu archeologicznego związany z globalnym ociepleniem prowadzi do powstania atawistycznej archeologicznej kolonii endosymbiotycznej z własnym fenotypem metabolicznym.[2] Archaeae są zależne od aktynowców i wykorzystują cholesterol jako substrat energetyczny. Zwiększony katabolizm cholesterolu w archaikach prowadzi do endogennej syntezy digoksyny, która hamuje błonową aktywność ATPazy potasowo-sodowej, prowadząc do wzrostu wapnia wewnątrzkomórkowego i redukcji wewnątrzkomórkowego magnezu. Wzrost wapnia wewnątrzkomórkowego prowadzi do powstania zwapnionych nanoarchaurów, które mogą istnieć przez całą wieczność. Nanoarchaea, podobnie jak w przypadku ignococcus hospitalis, może produkować wielokomórkowe formy tkankowe, co prowadzi do powstania atawistycznej sieci kolonii aktynowców w obrębie komórki. Odwrotna aktywność transkryptazy pochodzenia HERV może integrować genomy archeologiczne z ludzkim genomem, jak wykazano w odniesieniu do genomów trypanosomalnych w chorobie Chagasa. Zwiększona ekspresja genów archeologicznych i zintegrowanych z ludzkimi genami w wyniku stresu oksydacyjnego wywołanego przez globalne ocieplenie i epokę lodowcową, która doprowadziła do zahamowania i demetylacji HDAC. Ekspresja endogennych genomów archeologicznych może prowadzić do ich namnażania w układzie. Podstawą pochodzenia neandertalskich hybryd jest ekspresja i namnażanie się endogennych sekwencji archeologicznych w genomie. Neandertalczycy wyewoluowaliby z powodu zmian w obszarze niekodowania genomu naczelnego, wynikających z integracji genomów archeologicznych z genomami naczelnych w epoce lodowcowej. Postuluje się, że globalne ocieplenie i ochłodzenie prowadzi do zwiększonego rozmnażania się ekstremofilnych kolonii archeologicznych. W rzeczywistości globalne ocieplenie jest związane ze zwiększonym uwalnianiem metanu z namnażających się kolonii archeologicznych w dnie oceanu. W okresach ekstremalnych zmian klimatycznych archaiczne archaiki ekstremofilne ulegają ekspansji nie tylko w środowisku naturalnym, ale również w obszarze niekodowanym ludzkiego genomu. W wyniku globalnego ocieplenia, związanego ze stresem oksydacyjnym, HDAC hamuje aktywację odwrotnej transkryptazy i integruje ekspresję, która reintegruje zmultiplikowane genomy archeologiczne z genomami ludzkimi. Homo neandertalis ewoluowałby w wyniku ekspansji archeologicznej w ludzkim genomie w epoce lodowcowej, a obecna zwiększona tendencja do ekspresji neandertalskich autystycznych fenotypów hybrydowych wynikałaby ze zjawisk ekspansji archeologicznej w ludzkim genomie wytwarzanym przez globalne ocieplenie. Ekspansja archeologiczna wynikałaby z aktywności cywilizacyjnej i przemysłowej populacji homo sapien. Skutkuje to zwiększoną emisją gazów cieplarnianych i produkcją dwutlenku węgla, co prowadzi do rozmnażania się archetypów środowiskowych i symbiotycznych. Symbiotyczne rozmnażanie archeologiczne skutkuje zwiększoną integracją archeologiczną w niekodującym regionie genomu i ekspresji neandertalskich hybryd. Namnażanie środowiskowe prowadzi do metanogenezy, która geometrycznie przyspiesza globalne ocieplenie, wzmacniając już uruchomiony proces. Wzrost archeologicznego rozmnażania i globalne ocieplenie spowoduje topnienie polarnych pokryw lodowych, powodując masowe powodzie i katastrofalne wyginięcia. Mnożenie się archaicznych skupisk na dnie oceanu może wywołać trzęsienia ziemi na dnie oceanu oraz potężne tsunami i powodzie, które spowodują rozpad kontynentu. Cykl Jugów opisany w mitologii wedyjskiej byłby konsekwencją katastrofalnych wyginięć związanych ze zmianami klimatycznymi i późniejszej regeneracji życia. Archaiki aktynowców, również ekstremofilne, mogą zasiedlać przestrzenie międzygalaktyczne, przyczyniając się do powstawania międzygalaktycznych pól magnetycznych, których rotacja prowadzi do ewolucji układów gwiezdnych. Nasiona życia na Ziemi pochodziłyby z asteroid transportujących archaiczne archaiki aktynowców na Ziemię. Doprowadziłoby to do późniejszej ewolucji organizmu wielokomórkowego, naczelnych, a później grup neandertalczyków. Homo neandertalczycy mają fenotyp APOBEC, który czyni ich odpornymi na infekcje retrowirusowe, a obciążenie HERV w genomie neandertalskim jest mniejsze. Zwiększony wzrost archeologiczny i katabolizm cholesterolowy u neandertalczyków, fenotypy schizofreniczne i autystyczne prowadzą do zwiększonej syntezy endogennej digoksyny. Digoksyna wytwarza wewnątrzkomórkowo inhibicję ATPazy potasowo-sodowej i niedobór magnezu. Niedobór magnezu hamuje aktywność odwrotnej transkryptazy i ekspresję HERV. Dlatego też w neandertalach, autyzmie i schizofrenii wadliwa jest wsteczna ekspresja, namnażanie i integracja z genomem. Prowadzi to do mniejszej dynamiki i płynności genomu neandertalskiego, co prowadzi do wadliwej łączności synaptycznej, dużych rozmiarów mózgów i mniejszej kory przedczołowej. Uszkodzona łączność synaptyczna powstaje na skutek dwóch czynników. Synteza cholesterolu jest mniejsza, a wydzielanie cholesterolu glejowego działa jako czynnik troficzny dla synaptogenezy. Ekspresja HERV prowadzi do skokowych genów, które odpowiadają za płynność i dynamikę genomu potrzebnego do rozwoju złożonych dużych sieci neuronalnych. Prowadzi to do rozwoju dużych rozmiarów mózgu, jak u autyzmu i neandertalczyków. Zarówno kora mózgowa jak i móżdżek są duże. Móżdżek zawiera 50 procent neuronów w mózgu. Dlatego też przy braku złożonych sieci neuronów w korze mózgowej, zwłaszcza przedczołowej, kora mózgowa staje się dominująca i funkcjonuje jako mistrz mózgu. Homo sapiens nie posiadają fenotypu APOBEC i oporności retroviralnej. Homo sapiens nie posiadał archeologicznego przerostu, katabolizmu cholesterolowego i syntezy digoksyny. Nie stwierdzono hamowania odwrotnej transkryptazy wywołanej digoksyną. Ekspresja HERV i jej integracja z genomem poprzez aktywność odwrotnej transkryptazy doprowadziła do zwiększenia niekodującego regionu genomu. Epidemie retrowirusowe u afrykańskich ssaków naczelnych przyczyniły się do rozwoju homo sapiens i ich mózgu w Afryce. Ewolucja homo sapiens nastąpiła w wyniku ekspansji sekwencji HERV w genomie, co doprowadziło do trwałych zakażeń retrowirusowych u afrykańskich ssaków naczelnych. Wzrost sekwencji HERV w genomie ssaków naczelnych doprowadził do zwiększenia płynności i dynamiki genomu, co doprowadziło do rozwoju dominującej kory przedczołowej i płata kończynowego. W mózgu homo sapiensa obecne były połączenia synaptyczne niezbędne do tworzenia złożonych sieci neuronalnych opartych na dynamicznym genomie modulowanym przez geny skokowe HERV. W rezultacie powstał chudy, ale bardziej wydajny i logiczny mózg z dominującą funkcją kory przedczołowej. Funkcja móżdżku została zahamowana z dominującą kontrolą nad funkcjami motorycznymi. Wzrost zanieczyszczenia falami elektromagnetycznymi z powodu uzależnienia od Internetu i długotrwałego użytkowania prowadzi do zanikania kory przedczołowej. Prowadzi to do odwrotu do dominacji móżdżku w mózgu homo sapien i szerokie rozprzestrzenianie się coraz częstsze występowanie autyzmu, schizofrenii, obsesyjnej neurozy kompulsywnej, zespołu uzależnienia seksualnego, zaburzenia nadpobudliwości uwagi i dysleksji. Brak fenotypu APOBEC u homo sapiens i rozwój opornych szczepów retrowirusowych doprowadziłby do wyginięcia gatunku homo sapiens. Ponadto globalne ocieplenie może prowadzić do stresu oksydacyjnego, hamowania HDAC, demetylacji i ekspresji HERV prowadzącej do odbudowy retrowirusów w układzie, przyczyniając się do powstania zespołu nabytego niedoboru odporności. Ekspresja HERV w obszarze niekodowania ludzkiego genomu jest związana z autyzmem i schizofrenią. Rozwój opornych zakażeń retrowirusowych i związane z globalnym ociepleniem namnażanie się archeologiczne prowadzi do eksterminacji gatunku homo sapiens z jego niekodującym obszarem genomu, do którego przyczyniają się sekwencje HERV. Zostaną one zastąpione przez neandertalskie hybrydy z niekodującym obszarem genomu, do którego przyczyniła się zintegrowana sekwencja archeologiczna, zwielokrotniająca wzrost długości z powodu globalnego ocieplenia. Mnożące się symbiotyczne i środowiskowe archaiki jeszcze bardziej przyczynią się do zwiększenia globalnego ocieplenia, dalszego zwiększenia mnożenia archeologicznego i dominacji neandertalskich hybryd na świecie. Archealny metabolizm cholesterolu powoduje niski poziom cholesterolu, przyczyniając się do niedoboru hormonów płciowych, spadku tempa rozrodu i wyginięcia generowanych hybryd neandertalskich.

Aktynidowy archaiczny metabolizm i autyzm

Archaiki aktynowców posiadają aktywność oksydazy pierścieniowej cholesterolu generującej pirogronian, aktywność oksydazy łańcuchowej bocznej generującej maślan i propionian, aktywność aromatazy generującej pierścień WWA oraz aktywność dehydrogenazy beta-hydroksy steroidowej generującej digoksynę glikozydową i steroidowe kwasy żółciowe. Endogenna digoksyna jest pochodzenia archeologicznego, ponieważ cukry glikozydowe nie są syntetyzowane przez komórkę ludzką. Digoksyna glikozydowa może regulować funkcje neuronowe, immunologiczne i hormonalne. Endogenna digoksyna wytwarza inhibicję ATPazy potasowo-sodowej, co prowadzi do wzrostu poziomu wapnia wewnątrzkomórkowego i redukcji wewnątrzkomórkowego magnezu. Digoksyna może modulować wewnątrzkomórkowy stosunek wapnia do magnezu, zwiększając komórkowy poziom wapnia i uszczuplając komórkowy magnez. Niedobór magnezu hamuje działanie enzymów glikolitycznych, enzymów cyklu tricarboxylowego TCA i syntazy mitochondrialnej ATP. Wzrost wapnia wewnątrzkomórkowego może modulować mitochondrialne pory PT i ich funkcję. Niedobór magnezu może hamować funkcję polimerazy DNA i RNA, a także aktywność odwrotnej transkryptazy. Geny HERV nie są wyrażone, co wpływa na skoki genów przyczyniając się do dynamiki i płynności genomu. Fluidalność genów HERV z ekspresją genów jest niezbędna do generowania złożonych sieci neuronalnych i genów immunologicznych, zwłaszcza genów HLA. Prowadzi to do wadliwego rozwoju kory przedczołowej i jej połączeń, a także mechanizmów immunologicznych przyczyniających się do chorób autoimmunologicznych. W ten sposób digoksyna może hamować funkcje genomowe. Indukowany przez digoksynę wewnątrzkomórkowy niedobór magnezu powoduje rybosomalną dezintegrację i wadliwą syntezę białek. Blokada PDH powoduje wadliwą generację acetylu CoA, co prowadzi do zmniejszenia syntezy cholesterolu i kwasów tłuszczowych. Utlenianie kwasów tłuszczowych i ketogeneza są również hamowane przez związany z niedoborem magnezu dysfunkcję syntazy mitochondrialnej ATP. Aktynidowa, archeologiczna sieć wielokomórkowa poprzez wydzielanie digoksyny skutecznie blokuje i wyłącza wszystkie aspekty metabolizmu komórkowego. Komórkowy energetyczny zależy od syntezy ATP za pośrednictwem błony sodowo-potasowej ATP. Zapotrzebowanie komórek na ATP spada, ponieważ membranowa pompa sodowa zostaje zahamowana, a wszystkie szlaki metaboliczne zostają zablokowane.

Komórka przechodzi w stan hibernacji. Ludzka komórka, tkanki i układy narządowe funkcjonują jak zombie. Komórka jest przejmowana przez atawistyczną wielokomórkową kolonię aktynowców. Aktynidowy archaealiczny metabolizm aktynowców przetrwa. Jak kwasów tłuszczowych, glukozy i aminokwasów jest hamowany metabolizm glukozy, kwasów tłuszczowych i aminokwasów gromadzą się w komórce i jest używany do aktynowców archaeal szlaki metaboliczne. Przykładem tego jest wzrost aktynowców katalizowanych aktywność heksokinazy, aktywność syntazy mitochondrialnej ATP, błony sodowo-potasowej ATP pośredniej syntezy ATP i oksydazy cholesterolu - łańcuch boczny oksydazy, oksydazy pierścieniowej, aromatazy pierścieniowej, dehydrogenazy beta hydroksy steroidowej i aktywności cholesterolu 7 alfa hydroksylazy. Archeologiczna ścieżka kwasu shikimowego syntetyzuje neurotransmitery i neuroalkaloidy tyrozyny i tryptofanu. Szlak kwasu shikimowego może syntezować dopaminę, noradrenalinę i serotoninę, a także neuroalkaloidy - morfinę, nikotynę i strychninę, co zostało wykazane w tym laboratorium. Metabolizm atawistyczny, wykorzystujący cholesterol jako substraty energetyczne i aktynowce jako katalizatory, przejmuje komórkę. Komórka ludzka, która przechodzi w stan hibernacji, funkcjonuje jak zombie, a wielokomórkowa archeologiczna kolonia aktynowców przejmuje kontrolę nad komórką i ciałem. Digoksyna może produkować śmierć komórki przez wapnia pośredniczy mitochondrialnego PT dysfunkcji porów i proliferacji komórek przez zwiększenie wewnątrzkomórkowego wapnia aktywującego ras onkogene. Digoksyna modulując ATPazy potasowej sodu może regulować transport błony komórkowej i jądrowej błony. Digoksyna może modulować funkcję NFKB przez wzrost wewnątrzkomórkowego wapnia i produkcji aktywacji immunologicznej. Digoksyna zmieniając wewnątrzkomórkowy stosunek wapnia do magnezu może modulować sprzężone białka G i białkowe kinazy tyrozynowe związane z neuroprzekaźnikiem i receptorami endokrynnymi. Hiperdigoksinemia jest związana z autyzmem. Maślan funkcjonuje jako inhibitor HDAC regulujący funkcje genomowe, a także wytwarzający immunosupresję. Za pośrednictwem maślanu zmienione funkcje genomowe mogą przyczyniać się do rozwoju autyzmu. Propionian może przyczyniać się do powstawania kwasów organicznych. Propionian może wytwarzać aktywację NMDA, zwiększoną transmisję monoaminową produkować immunosupresję i modulować transmisję synaptyczną. Pyruwat jest również immunosupresyjny, reguluje wydzielanie insuliny i działa jako przeciwutleniacz. PAH może modulować funkcję receptora AHR regulując proliferację komórek i odporność. WWA i aktywacja receptora AHR może wpływać na funkcje mózgu prowadząc do autyzmu i ADHD. Aktywność oksydazy cholesterolu może generować H2O2 i redox stresu modulujące funkcję komórek. Redox stres jest związany z autyzmem. Archaea może generować magnetytu modulującego magnetopercepcję i pozazmysłowe postrzeganie ważne w autyzmie. W ten sposób archaiczny katabolizm cholesterolu może regulować funkcje genetyczne, immunologiczne, metaboliczne, hormonalne i neuronalne, tworząc fenotyp atawistyczny. Ta archeologiczna kolonia atawistyczna funkcjonuje jako nowy fenotyp prowadzący do autyzmu. Zmiany klimatyczne prowadzą do globalnego ocieplenia i wzrostu ekstremofilnego wzrostu archeologicznego. Prowadzi to do autystycznych i schizofrenicznych wzorców metabolicznych oraz zwiększonej częstości występowania chorób cywilizacyjnych. Organizm ludzki zostaje przejęty przez atawistyczny archetyp kolonialny prowadzący do powstania zespołu zombie. Następuje zmiana ciała, zmiana umysłu i zmiana kulturowa zbliżona do zmiany klimatu. Prowadzi to do neandertalizacji gatunku ludzkiego.

Autyzm, schizofrenia i neandertalskie hybrydowe mózgi

Wzrost archeologicznych wzrostów i autystycznych wzorców metabolicznych prowadzi do autystycznych, kulturowych, neuronalnych i językowych fenotypów atawistycznych. Niskie wartości cholesterolu są charakterystyczne dla mózgów autystycznych. Niski poziom cholesterolu może przyczyniać się do wadliwej synaptogenezy, ponieważ cholesterol jest czynnikiem troficznym dla synaptogenezy. Prowadzi to do reaktywnej hipertrofii mózgu i dysfunkcji neokorty. Neandertalczycy mieli duże, mocne ciała, a ruchy motoryczne były ważną częścią ich stylu życia zbieraczy myśliwego. Wiązało się to również z większymi oczami i wysoko rozwiniętym systemem wzrokowym ważnym w ich myśliwskim stylu życia zbieraczy. Wiązało się to również z wyraźnym szyszynką z jej połączeniami siatkówki w celu regulacji rytmów dziennych i modulacji funkcji ciała za pomocą pola geomagnetycznego. Mózg neandertalczyka był większy, ale większa część mózgu była związana z regulacją ruchów ruchowych i wzroku, co miało kluczowe znaczenie dla stylu życia myśliwego zbieracza. Znaczenie ruchów ruchowych i duże rozmiary ciała neandertalczyków przyczyniły się do powstania wyraźnej kory ruchowej i płata ciemieniowego. Kora wzrokowa zajmowała również znaczną część kory mózgowej ze względu na znaczenie wzroku dla stylu życia myśliwych-zbieraczy. Kora wzrokowa, smakowa, słuchowa i sensoryczna były dominujące, co prowadziło do dominacji zmysłowej percepcji regulującej życie lub cywilizację zmysłów. Zmysłowa satysfakcja staje się dominującym tematem w życiu. Kwasy żółciowe ważne w tworzeniu dużych grup społecznych wiązały się z węchowymi receptorami GPCR produkującymi stymulację płatów kończynowych, były niewystarczające. Obszary płatów limbicznych hipokampu i kory przedczołowej były słabo rozwinięte. Kora przedczołowa dotyczyła interakcji społecznych, decyzji wykonawczych, osądu i sieci społecznych była mała. Dlatego Neandertalczycy nigdy nie tworzyli dużych skupisk społecznych, a jedynie małe grupy matriarchalne. Neandertalczycy nigdy nie tworzyli dużych grup narodowych, ponieważ kora przedczołowa związana z logicznymi interakcjami wykonawczymi wyższego szczebla była mała. Obszar językowy mózgu nie był rozwinięty, brakowało również podłoża językowego państw narodowych. Skutkuje to brakiem państw narodowych wśród ludności neandertalskiej i stanów wojennych. Kora ruchowa, kora mózgowa kontrolująca koordynację i kora wzrokowa były dominujące. Kora mózgowa była bardziej dominująca w porównaniu z korą mózgową. W mózgu neandertalskim dominowała kora móżdżkowa. Większą część funkcji móżdżku stanowiła regulacja poznawcza i ruchowa. Móżdżek zajmuje się zachowaniami impulsywnymi, stanami zahamowanymi, obsesyjnymi stanami kompulsywnymi, stanami paranoicznymi, dziecięcymi zachowaniami naiwnymi, zachowaniami rytualnymi i stereotypowymi zachowaniami powtarzalnymi. Móżdżek zajmuje się stanami hipometrycznymi i hipermetrycznymi i produkuje dysmetrię myśli. Czasownik móżdżku jest związany z zachowaniami emocjonalnymi. Móżdżek tylny jest w przeważającej mierze poznawczy. Móżdżek przedni zajmuje się regulacją motoryczną. Móżdżek prawy jest połączony z lewą półkulą mózgu, a móżdżek lewy z prawą półkulą mózgu. Poprzez zjawiska diaschiozy zanik kory mózgowej prowadzi do zanikania móżdżku. Tak więc jeśli móżdżek nie jest rozwinięty w płynie, kora mózgowa nie rozwija się. Rozwój grzbietowo-boczny kory przedczołowej zależy od rozwoju móżdżku. W kontekście wadliwego rozwoju móżdżku kora przedczołowa nie rozwija się. Móżdżek jest w rzeczywistości ważniejszy niż kora mózgowa i zawiera 50 procent neuronów mózgu. Funkcję kory mózgowej i móżdżku można porównać do funkcji świadomej i nieświadomej, snu i przebudzenia oraz logicznej i intuicyjnej. Można ją również porównywać jako patriarchalną korę mózgową versus matriarchalną korę mózgową, jak również jako komonsensalną korę mózgową versus magiczną korę mózgową. Kora mózgowa może być uważana za mózg modulowany HERV, a kora mózgowa za mózg modulowany łukowo. Jak powiedziano wcześniej, atawistyczna sieć kolonii archeologicznych wydziela digoksynę i komórkę neuronalną, która przechodzi w metaboliczną i funkcjonalną hibernację. Atawistyczna aktynoidalna sieć kolonii archeologicznej funkcjonuje jako sieć wykrywania i przetwarzania informacji, która również posiada zdolność społecznej inteligencji. Sieć kolonii archeologicznych posiada magnetyt zdolny do magnetopercepcji i percepcji kwantowej. Actinidic archeaeal colony pośredniczy kwantowa percepcja staje się dominującą formą percepcji, jak komórki neuronów przechodzi w metabolicznej i funkcjonalnej hibernacji wywołanej digoksyną. Świadome postrzeganie modulowane przez talamo-kortyko-okulistyczną ścieżkę staje się dysfunkcyjne i jest zastępowane przez magnetopercepcję / postrzeganie kwantowe za pośrednictwem systemu pompowanego fononu digoksyną z udziałem dipolarnego magnetytu i porfiryn. Percepcja kwantowa indukowana przez porfirynę i magnetyt może przyczyniać się do powstawania falowych form sieci kolonii atawistycznych, generujących wielkocząsteczkowe stany kwantowe. Porfiryny i magnetyt są cząsteczkami dipolarnymi i mogą prowadzić do makroskopijnych stanów kwantowych. W autyzmie i schizofrenii dominują pozazmysłowe tryby percepcji. Porfiryny magnetytowe i archeologiczne są dipolarne i w obecności digoksyny indukowane hamowanie ATPazy potasowej sodu może tworzyć pompowane stany fononowe wymagane do odbioru kwantowego. Porfiryny, które są bardziej syntetyzowane w autyzmie i schizofrenii przyczyniają się do postrzegania pozazmysłowego. Ekstrasensoryczna percepcja kwantowa jest dominująca w autyzmie i schizofrenii. W stanie kwantowym wszystko istnieje jako nieograniczone prawdopodobieństwo i jest to świadomy obserwator, który przynosi jeden z prawdopodobieństw do jednego grawitonowe kryteria i świadomości. Wielorakie prawdopodobie"stwa w stanach kwantowych zgodnie z interpretacj¡ wielu ¦wi¦tów jednocze±nie mog¡ wyst¦powa¢ w wielu wszech±wiatach lub w wielu wielorakich jednocze±nie. Tak więc mózg kwantowy modulowany przez aktynowską kolonię archeologiczną jest wieczny i może istnieć na zawsze. Stanowi to podstawę biocentrycznej teorii wszechświata, tworzącej ujednolicone wyjaśnienie wszystkich zjawisk. Świat istnieje dzięki świadomości. Wszechświat jest w zasadzie biologiczny. Aktynoidalne nanoarchaea są ekstremofilne i mogą istnieć w przestrzeni międzygalaktycznej, przyczyniając się do powstawania spiralnych międzygalaktycznych pól magnetycznych, których rotacja prowadzi do ewolucji systemów gwiezdnych i planet. Życie samo w sobie miałoby aktynoidalne pochodzenie tworzone na podłożach aktynoidalnych przez abiogenezę. Kwantowa funkcja mózgu i zjawiska kwantowe, takie jak kwantowy gradient dyfrakcji kryształów, mogą prowadzić do powstania świata materialnego.

Móżdżek zajmuje się postrzeganiem pozazmysłowym i transowymi stanami hipnotycznymi. Móżdżek bierze udział w doświadczeniach pozazmysłowych i stanach magicznych. Doświadczenia duchowe i magiczne, jak również stany podobne do snu, są również pośredniczone przez móżdżek. Móżdżek jest dominujący dla intuicji. Intuicyjne zjawisko jest podstawą kreatywności i można je nazwać szóstym zmysłem. Móżdżek bierze udział w zjawiskach telepatii, telekinezy i poltergeistyki. Percepcja ilościowa jest również dominująca w móżdżku, ponieważ 50 procent neuronów w mózgu są w móżdżku i atawistyczna aktynoidalna sieć kolonii archeologicznych jest w zasadzie złożone w móżdżku. Percepcja ilościowa może prowadzić do komunikacji ze zwierzętami i roślinami. Magnetopercepcja i percepcja kwantowa wygenerowałyby poczucie jedności ludzi, przyrody i zwierząt, przyczyniając się do duchowego doświadczenia. Magnetopercepcja i porfiryny biorą udział w odczuciu pól geomagnetycznych. Prowadzi to do poczucia jedności z naturą i grupą. Prowadzi to do świadomości grupowej, tożsamości grupowej i grupowego macierzyństwa charakterystycznego dla klastrów neandertalskich. Nie istnieje tożsamość indywidualna, która jest zastępowana przez tożsamość grupową. To przyczyniłoby się do powstania magicznej cywilizacji snów. Wygenerowałoby to kulturę pogańską. Wyróżniająca się szyszynka doprowadziłaby do dominującej percepcji geomagnetycznej i słonecznej, prowadząc do większego poziomu duchowości. W ten sposób dominujące pozazmysłowe kwantowe tryby percepcji w mózgu neandertalskim doprowadziłyby do świata snów w piance kwantowej, gdzie świat materialny połączył się ze światem fal kwantowych. Doprowadziłoby to do poczucia jedności ze światem lub uczucia Boga, które można trafnie określić jako świat Majów. Może to prowadzić do zwiększenia poczucia duchowości w grupach neandertalskich. Ponieważ przedczołowa i czasowa kora poznawcza była niewielka i dominowała dysfunkcjonalna percepcja pozazmysłowa. Mózg neandertalczyków miał atawistyczną sieć kolonii archeologicznych. Archealny magnetyt indukował magnetoopercepcję i świadomość grupową. Sieć kolonii atawistycznych ma magnetyt i aktynowce pośredniej magnetopercepcji w autyzmie. Posiadały one również zdolności komunikacji nielokalnej i telepatyczne. Percepcja ilościowa była bardziej dominująca w porównaniu z percepcją świadomą. To prowadzi do dominacji nieświadomej nad świadomą funkcją. To przyczynia się do sennych szamańskich stanów transowych, które prowadzą do duchowego doświadczenia. Magnetopercepcja i postrzeganie kwantowe mogą przyczynić się do postrzegania natury i świadomości ekologicznej. Funkcja neokorty jest wadliwa z powodu wadliwej synaptogenezy. Funkcja mózgu jest bardziej intuicyjna niż logiczna. Istnieje więcej zachowań emocjonalnych niż logicznych. Jest więcej sennych transowych stanów duchowych niż stanów czuwania. Ludność żyje w sennym, halucynacyjnym stanie. Percepcja pozazmysłowa przyczynia się do duchowego doświadczenia autyzmu i neandertalczyków. Konwersja ciał ketonowych pochodzących z diety ketogenicznej na neuroprzekaźnik GABA i kwas hydroksymasłowy przyczyniłaby się do stymulacji hamujących transmisji w mózgu i potulnych, duchowych zachowań społeczeństw neandertalskich. Percepcja ilościowa i magnetopercepcja prowadzi do zjawiska sieci społecznych z równością wszystkich osób uczestniczących w sieci i bez lidera. Takie zachowania sieciowe doprowadziły do szybkich rewolucji społecznych w ostatnim czasie, jak w Egipcie i północnej Afryce. Sieci społecznościowe połączone kwantowymi metodami percepcji stają się podstawą społeczeństwa. Rodzina, kasta i hierarchie religijne rozpadają się, ustępując miejsca bardziej równoprawnym płciom i równym grupom w sieciach społecznościowych opartych na percepcji kwantowej lub magnetoopercepcji.

Dysfunkcja neokorty przyczynia się do wadliwej wokalizacji u neandertalczyków. Miały one również wysoko umieszczoną krtań, przyczyniając się do zaburzonej symetrii między połykaniem a oddychaniem, co prowadzi do ewolucji językoznawstwa charakterystycznego dla języka drawidyjskiego, pozbawionego samogłosek kwantowych. Rozwój języka i umiejętności komunikacyjne maleją wraz z nasilaniem się komunikacji gestycznej i pozazmysłowej. Język wokalny mówiony i pisany staje się coraz mniej popularny. W miejsce mowy mówionej i pisanej dominuje muzyka i taniec gestykulacyjny i komunikacyjny. Móżdżek jest ważny w odniesieniu do mowy. Wybór słów, gramatyka, prozodia i gesty zależą od móżdżku. Dominacja móżdżku prowadzi do wadliwego używania języka, autyzmu i dysleksji. Symboliczne formy komunikacji gestowej i gesty zostały opisane w formach sztuki Kerala na przykładzie Kathakali i Theyyams. [10] Wady mowy są cechą charakterystyczną autyzmu. Prowadzi to do powszechnego generowania fenotypów mózgu autystycznego w społeczeństwie. Móżdżek, choć był duży, był w przeważającej mierze poznawczy. Prowadzi to do zmniejszenia wydajności funkcji motorycznej móżdżku, co prowadzi do czynnościowego zespołu móżdżku. Ruchy neandertalczyków były nieporadne z powodu dysfunkcji móżdżku, jak to ma miejsce w przypadku autyzmu. Mowa móżdżku była staccato, wybuchowa, nieskoordynowana i zamazana. To może prowadzić do muzycznej jakości mowy. Przednia dysfunkcja kory mózgowej prowadzi do ekolalii i powtarzalności. Doprowadziłoby to do powstania muzyki. Język neandertalski byłby w przeważającej mierze muzyczny. Nieskoordynowanie wyrostka robaczkowego prowadzi do ataksji wyrostka robaczkowego. Prowadzi to do tworzenia niejasnych, abstrakcyjnych form rysunkowych. Byłaby to geneza sztuki abstrakcyjnej. Język pisany neandertalczyków, jak w przypadku Dravidian Harappans, był przede wszystkim pikturalnym skryptem lub hieroglifem. Sztuka abstrakcyjna wywodziła się z baskijskiej społeczności, z głównymi postaciami, takimi jak Picasso i Dali, które z nich powstały. Mózgowy wyrostek robaczkowy również prowadzi do chodu ataksyjnego prowadzącego do generowania form tanecznych. Symboliczne formy taneczne Theyyam i Kathakali w Kerali są tego przykładem. Przednia dysfunkcja kory mózgowej prowadzi również do ekopraksji lub powtarzania czynności ruchowych. Powtarzające się ruchy ataksyjne związane z dysfunkcją kory mózgowej i czołowej byłyby źródłem form tanecznych. Dominująca funkcja móżdżku przyczynia się do rozwoju rytuałów religijnych, muzyki i tańca. Archetypy nieświadomości wspólne dla wszystkich cywilizacji mają również swoje podłoże w móżdżku. Neandertalska muzyka, sztuka i taniec były formą duchowego kultu w komunii z naturą, jako część świadomości ekologicznej. Powtarzające się i rytualizowane czynności ruchowe jako część duchowego kultu były generowane przez korę przedczołową i dysfunkcję móżdżku. Zwiększona ekspozycja na niski poziom pól elektromagnetycznych z powodu wzrostu wykorzystania Internetu w obecnej populacji prowadzi również do zaniku kory przedczołowej, co prowadzi do dominacji kory ciemieniowej, ruchowej i wzrokowej. Stwarza to neandertalczykom mózg jak u osób uzależnionych od Internetu i nadużywania go, co jest powszechne we współczesnym świecie. Kurczenie się kory przedczołowej i jej dróg dopaminergicznych łączących się ze zwojami podstawnymi jest podstawą uzależnienia od narkotyków, seksu i cukru. Uzależniające zachowania były powszechne w neandertalskiej populacji przy użyciu narkotyków, takich jak efedryna do tworzenia stanów szamańskich. Podobne zachowania uzależniające są częste w populacji nadmiernie narażonej na niskie poziomy pól elektromagnetycznych generowanych przez korzystanie z internetu i wynikający z tego skurcz kory przedczołowej. Dominacja móżdżku prowadzi do zwiększonej częstości występowania schizofrenii, autyzmu, dysleksji, ADHD, obsesyjnych zaburzeń kompulsywnych i zespołów uzależnienia seksualnego. Wielkość móżdżku jest związana z poziomem estrogenów i testosteronu, a dysfunkcja móżdżku może przyczynić się do seksualnych zboczeńców cech obsesyjnych. Tak więc dominacja móżdżku prowadzi do dysmetrii ruchu i dysmetrii myśli prowadzących do dominującego kwantowego trybu percepcji. Osoby dominujące w móżdżku są kreatywnymi, autystycznymi zbawicielami i geniuszami, ale są niezdarne do rutynowych czynności ruchowych z powodu dysmetrii ruchu.

Coraz częstsze występowanie autyzmu, archaiki aktynowców i globalnego ocieplenia

Rosnąca częstość występowania autyzmu może być związana ze związanym z globalnym ociepleniem wzrostem archeologicznym w mózgu i niskim narażeniem na EMF w wyniku zwiększonego korzystania z Internetu. Wzrost homo sapien wzrostu i wzrost zanieczyszczenia przemysłowego i globalnego ocieplenia prowadzi do archeologicznego przerostu i neandertalizacji mózgu, co prowadzi do powrotu magicznego świata. Wynikałoby to również ze zwiększonego zanieczyszczenia elektromagnetycznego i wykorzystania Internetu, prowadząc do zanikania kory przedczołowej i autystycznej dominacji mózgu. Nastąpiłby powrót do sennego świata neandertalczyków. Wzrost przyrostu archeologicznego w oceanach zwiększyłby również metanogenezę i globalne ocieplenie, a także przyczyniłby się do powstania trzęsień ziemi w dnie oceanu, prowadzących do tsunami. Globalne ocieplenie doprowadziłoby do topnienia pokrywy lodowej na ziemi i powodzi, co doprowadziłoby do ewentualnego wyginięcia światowej populacji. Ponadto niski poziom cholesterolu i hormonów płciowych doprowadziłby do tego, że na świecie płeć aseksualna byłaby równoprawna, a jej zachowania seksualne i wskaźniki rozrodczości uległyby obniżeniu, co przyczyniłoby się do wyginięcia populacji. Byłoby to podstawą teorii Kali yuga, a koniec świata w mitologiach. Kwantowy magiczny świat Neandertalczyków trwałby nadal. Niedobór witaminy D może powodować nieprawidłowości w synaptogenezie i wzroście mózgu. Makrocefalia i dużych rozmiarów mózgi są postrzegane w autyzmie i neandertalczyków. [11] Neandertalczyków zostały postulowane mieć APOBEC3G fenotypu produkującego oporność retroviral jak w Dravidian pokrewnych australijskich aborygenów. [9] Hybrydy neandertalczyków są odporne na infekcje retrowirusowe i mają mniejsze obciążenie HERV w genomie. Homo sapiens nie posiadają apobecnego fenotypu i są bardziej podatne na infekcje retrowirusowe powodujące zwiększoną integrację HERV w genomie. Integracja HERV z genomem produkuje geny skokowe i genom dynamiczny. Ten dynamiczny genom jest ważny w generowaniu złożonych sieci synaptycznych i fenotypów HLA. Prowadzi to do powstania mniejszego rozmiaru mózgu ze wzrostem kory przedczołowej i autoimmunizacji w homo sapiens w przeciwieństwie do euroazjatyckiego fenotypu neandertalskiego. Mózg homo sapiens z dominacją kory przedczołowej i mniejszym rozmiarem jest konsekwencją ekspresji HERV w przeciwieństwie do wielkogabarytowego mózgu neandertalskiego z mniejszą korą przedczołową, która jest indukowana przez endosymbiotyczny archaeal nad wzrostem. Podwyższony poziom cholesterolu i kwasu żółciowego w homo sapiens spowodował wiązanie się kwasu żółciowego z węchowymi receptorami GPCR i stymulację płatów limbicznych. Powodowało to przerost kory przedczołowej i skroniowej. Mózg homo sapiens został zdominowany przez dużą korę przedczołową, która była wymagana dla zdolności wykonawczych, logicznych, rozumowania i kwestionowania. To doprowadziło do świata logiki i rozumu. Mózg homo sapien był zdominowany przez pajęczynę połączeń synaptycznych wytwarzanych przez zapośredniczony ekspresją HERV dynamiczny genom. Przedczołowa dominacja korowa doprowadziła do ewolucji dużych grup społecznych i państw narodowych. Ewolucja obszarów językowych w korze przedczołowej rozwinęła się do podłoża językowego państw narodowych. Skutkowało to brakiem globalnej świadomości i genezą idei wojny między narodami i prześladowaniami grup lub narodów językowych. Był to mózg logiczny w porównaniu z intuicyjnym i duchowym mózgiem Neandertalczyków. Utrata pozazmysłowych kwantowych trybów postrzegania mózgu homo sapien doprowadziła do zmniejszenia komunii z roślinami, zwierzętami i naturą, co doprowadziło do spadku świadomości ekologicznej w zachodniej cywilizacji homo sapien. Tylko homo sapiens zostały uznane za posiadające siłę życiową duszy i królestwo roślin i zwierząt było poza bladą duchowości. Utrata świadomości ekologicznej i duchowości doprowadziła do zniszczenia środowiska i globalnego ocieplenia. Komunia z naturą została utracona, a życie stało się mechaniczne, logiczne i zdroworozsądkowe. Utracono magiczny, senny, transowy świat neandertalskiego mózgu. Powstał on wraz z dominacją zachodniej cywilizacji chrześcijańskiej. Senny transowy świat hermetycznych wyznań - Kabały, szamanizmu, pogaństwa, hinduizmu, taoizmu, szintoizmu i gnostyckiego chrześcijaństwa został utracony wraz z utratą neandertalskiej struktury mózgu. Archeologiczne zmiany związane z przerostem mózgu i rozwojem neandertalskich hybryd przyczyniają się do schizofrenii i autyzmu.

Hybrydy neandertalczyków i funkcja endokrynologiczna

Niski cholesterol prowadzi do niskiego poziomu testosteronu i estrogenów oraz wadliwej modulacji funkcji i wzrostu mózgu przez hormon płciowy. Prowadziłoby to do wadliwej reakcji na stres i wskaźnika rozrodu płciowego prowadzącego do ewentualnego wyginięcia populacji neandertalczyków. Niski poziom testosteronu i estrogenów prowadziłby do mniej zdefiniowanych fenotypów bezpłciowych, braku męskiej dominacji, równości płci i matriarchalnych społeczeństw z grupowym macierzyństwem. Jest to podstawa matriarchalnego fenotypu kulturowego z brakiem męskiej dominacji. Niski poziom hormonów płciowych prowadziłby do niskich wskaźników dojrzałości obserwowanych u skamieniałych okazów charakterystycznych dla neandertalczyków. Kwasy żółciowe wiążą się z receptorami węchowymi i prowadzą do stymulacji płatów limbicznych oraz wiązania rodzinnego, a także wiązania się poszczególnych matek i dzieci. Grupowe macierzyństwo charakterystyczne dla matriarchii byłoby odzwierciedleniem niskiego poziomu kwasów żółciowych. Niski poziom kwasów żółciowych prowadzi do mniejszej więzi rodzinnej. Przyczynia się to do zachowań autystycznych. Brak jest więzi rodzinnej, którą zastępuje się wspólnym macierzyństwem. Wpisuje się to w hipotezę babci, w której dominują kobiety regulujące społeczeństwo. Społeczeństwo staje się bardziej zrównane pod względem płci ze swoimi astereotypowymi wzorcami zachowań aseksualnych powszechnymi w autyzmie. Zjawiska te mogą prowadzić do globalizacji, utraty tożsamości narodowej, utraty tożsamości seksualnej oraz uniwersalizacji zachowań i myśli. [12-15] Homo sapiens miał wyższy poziom cholesterolu, co prowadziło do wyższych poziomów syntezy hormonów płciowych - testosteronu i estrogenu. Doprowadziło to do rozwoju męskiego patriarchalnego społeczeństwa dominującego w homo sapiens. Samice były tłumione i nie miały żadnych praw oraz podlegały sztywnym kodeksom społecznym narzuconym przez męski patriarchat dominujący. Zachowania seksualne były również bardziej nastawione na formy konserwatywne, a aberracje były uznawane za nielegalne. Społeczeństwo homo sapien nierówne płciowo. Zwiększony poziom cholesterolu i kwasu żółciowego doprowadził do zwiększenia więzi rodzinnych i rodziny jako podstawowej struktury społeczeństwa. Dziecko identyfikowało się z ojcem i jego rodziną. Koncepcja rodziny nuklearnej umocniła się w grupie homo sapien. Zanikło grupowe poczucie wspólnoty i grupowe macierzyństwo matriarchalnego społeczeństwa neandertalskiego. Społeczeństwa neandertalskie z ich grupowym macierzyństwem, grupową świadomością, równością płci i wspólnotą przypominały prymitywną formę społeczeństwa komunistycznego. Ten postulat został wysunięty przez Engelsa w jego tezie "The Mothers". Społeczeństwo neandertalskie ze względu na swoją grupową świadomość było bardziej prymitywnym społeczeństwem komunistycznym lub socjalistycznym i pogańskim. Brak modulacji funkcji mózgu hormonem płciowym u neandertalskich hybryd może przyczynić się do schizofrenii i autyzmu.

Hybrydy neandertalczyków, archaiczne aktynoidy i choroby cywilizacyjne - rak, zespół metaboliczny X, choroba autoimmunologiczna i neurodegeneracja

Ludzkie komórki i tkanki przechodzą w stan hibernacji, w której pośredniczy aktynowa kolonia archeologiczna wydziela digoksynę. Polimeraza DNA, polimeraza RNA, rybosomalna funkcja, utlenianie kwasów tłuszczowych, glikoliza, cykl TCA, oksydacyjna fosforylacja mitochondrialna i synteza cholesterolu/kwasu tłuszczowego ulegają zamknięciu z powodu archeologicznego niedoboru magnezu wywołanego digoksyną. Ludzka komórka i tkanki przechodzą w stan hibernacji z energią do przeżycia wytwarzaną przez błonową syntezę ATP-azy potasowo-sodowej za pośrednictwem ATP. Archaiki aktynowców tworzą wielokomórkową kolonię/sieć, która przejmuje ludzką komórkę i tkanki, które w hibernacji zostają zredukowane do zombie. W ten sposób powstaje ludzki zespół zombie. Glukoza, kwasy tłuszczowe i aminokwasy gromadzą się w komórce, ponieważ drogi metaboliczne i kataboliczne są zablokowane. Metabolizm aktynowców zostaje przejęty przez aktynowców w wyniku katalizy aktynowców. Aktywność aktynowców zależna od heksokinazy i aktywność syntazy ATP mitochondrialnej, jak również aktywność oksydazy cholesterolowej zostały opisane w zaburzeniach systemowych. Hiperglikemia generowana w wyniku archaicznego wydzielania aktynowców w katabolizmie glukozowym powoduje blokadę digoksynową, która prowadzi do cukrzycy. Endogenna digoksyna prowadzi do wzrostu poziomu wapnia w mięśniach gładkich naczyń, skurczu naczyń i zakrzepicy naczyń. W sieci atawistycznej aktynowców i kolonii rozwijają się nowotwory i rak. Archeologiczna kolonia aktynowców wygenerowana digoksyna wyłącza metaboliczną maszynerię komórki neuronowej i przez pewien czas prowadzi do śmierci komórki przyczyniając się do zaburzeń neurodegeneracyjnych takich jak choroba Parkinsona, choroba Alzheimera i choroba neuronów ruchowych. Aktynidowa kolonia archeologiczna wydzielana przez digoksynę wyłącza neuronalne maszyny metaboliczne i sieci synaptyczne, co powoduje dominację kwantowej i magnetopercepcji. Za kwantową i magnetopercepcję odpowiedzialny jest dipolarny magnetyt indukowany digoksyną oraz archaiczny układ fononowy pompowany porfirynami. Ponieważ móżdżek zawiera 50 procent neuronów w mózgu, dominuje magnetopercepcja kwantowa i magnetopercepcja móżdżkowa. Móżdżek staje się dominujący. Dominacja móżdżku może wystąpić również z powodu zanieczyszczenia elektromagnetycznego i szerszego wykorzystania Internetu. Niski poziom EMF jest postrzegany przez magnetyt w mózgu. Prowadzi to do przedczołowego zaniku kory mózgowej i dominacji móżdżku. Dominacja móżdżku jest związana z autyzmem, schizofrenią, OCD, ADHD, cechami dewiacji seksualnej i naiwnego dzieciństwa typu wyhamowane, impulsywne zachowanie. Atawistyczna sieć kolonii archeologicznych przejmuje kontrolę nad ciałem i tkankami. Prowadzi to do aktywacji immunologicznej, generowania autoantygenów w miarę jak organizm ludzki próbuje walczyć z inwazyjną archeologiczną kolonią atawistyczną. To prowadzi do choroby autoimmunologicznej jak toczeń, stwardnienie rozsiane i reumatoidalne zapalenie stawów. Archeologiczna kolonia atawistyczna wygenerowana przez digoksynę blokuje odwrotną aktywność transkryptazy i wsteczne namnażanie i integrację. Prowadzi to do oporności na zakażenie retrowirusowe. Wadliwa ekspresja HERV prowadzi do wadliwych genów skokowych i genów HLA przyczyniających się do choroby autoimmunologicznej. Geny MHC są pochodzenia neandertalskiego, a autoimmunizacja jest związana z neandertalskimi allelami MHC. Charakterystyczne dla autyzmu są przeciwciała autoimmunizacyjne i anty-mózgowe. Autyzm i schizofrenia są związane z zaburzeniami systemowymi. Autystyczny fenotyp metaboliczny występuje również w chorobach nowotworowych, autoimmunologicznych, degeneracji, zespole metabolicznym X i schizofrenii. Jest to spowodowane neuropatią pochwy z powodu wadliwej syntezy acetylocholiny wynikającej z braku substratu acetylu CoA. Prowadzi to również do nadmiernej aktywności współczulnej. Neuropatia pochwy jest związana z aktywacją immunologiczną i chorobą autoimmunologiczną. Neuropatia pochwowa może przyczyniać się do zwiększenia insulinooporności i zwiększenia aktywności współczulnej do transformacji nowotworowej. Syntetyczny defekt cholesterolu prowadzi do wadliwej synaptogenezy obserwowanej w autyzmie i schizofrenii. Niedobór kwasu żółciowego pochodzenia cholesterolowego i witaminy D może przyczyniać się do schizofrenii i autyzmu. Cholesterol jest zaangażowany w hamowanie kontaktu i gdy membrany są wadliwe może prowadzić do proliferacji komórek. Niski poziom cholesterolu prowadzi do niskiego poziomu witaminy D i kwasu żółciowego, z których oba wiążą się z VDR produkujących immunosupresję. Może to przyczyniać się do autoimmunizacji. Niedobór witaminy D może przyczyniać się do oporności na insulinę i fenotypu zespołu metabolicznego u neandertalczyków. Kwasy żółciowe działają jak hormony regulujące metabolizm lipidów i glukozy, a ich niedobór może również przyczyniać się do rozwoju zespołu X i insulinooporności. W ten sposób generowanie kolonii/sieci atawistycznej prowadzi do powstania nowego fenotypu metabolicznego, immunologicznego i neuronalnego, który przejmuje władzę nad ludzkim ciałem, przyczyniając się do rozwoju chorób cywilizacyjnych, takich jak rak, zwyrodnienia, choroby autoimmunologiczne i zespół metaboliczny X, które wykazują epidemiczny wzrost zachorowalności, np. autyzm. Organizm ludzki przechodzi w stan hibernacji i śmierci jako zombie przejęte przez aktynowców sieci kolonii archeologicznych, które rządzą ludzkim mózgiem, układami narządów, tkankami i komórkami. Wiek neandertalczyków ponownie kwitnie z katastrofalnymi skutkami.

Wniosek

Wyniki sugerują neandertalizację człowieka z powodu globalnego ocieplenia i wzrostu archeologicznego. Neandertalizacja gatunku ludzkiego jest podstawą globalnej epidemii autystycznej, schizofrenicznej i cywilizacyjnej choroby - zespołu neandertalskiego hybrydowego zombie. Społeczeństwa matrilinowe to skamieniałe resztki neandertalczyków, a neandertalskie hybrydy przyczyniają się do rozwoju chorób cywilizacyjnych. Następują zmiany w umyśle, zmiany językowe, kulturowe, społeczne i duchowe, podobne do zmian klimatycznych, wynikające ze zwiększonego wzrostu archeologicznego w wyniku globalnego ocieplenia. Gatunki neandertalczyków ewoluowały w okresach ekstremalnych zmian klimatycznych epoki lodowcowej, które doprowadziły do zwiększonego wzrostu archeologicznego endosymbiotycznego wzrostu ekstremofilnego. Podobne ekstremalne zjawisko klimatyczne, jakim jest globalne ocieplenie, jest cechą naszego obecnego istnienia. Prowadzi ono do zwiększenia ekstremofilnego wzrostu endosymbiotycznego i neandertalażu populacji. Niski poziom cholesterolu i niski poziom hormonów płciowych doprowadziłby do fenotypów bezpłciowych i ewentualnego wyginięcia populacji. Ewoluuje nowy gatunek ludzki homo archaeax neanderthalis z jego nowym fenotypem antropometrycznym, metabolicznym, kulturowym, językowym, neuronowym, psychologicznym i genetycznym atawistycznym. [16] Neandertalizacja gatunku ludzkiego jest podstawą globalnej epidemii autystycznej, schizofrenicznej i cywilizacyjnej choroby neandertalczyka - zespołu hybrydowego zombie. Społeczeństwa matrilinowe są skamieniałymi pozostałościami neandertalczyków, a neandertalskie hybrydy przyczyniają się do rozwoju chorób cywilizacyjnych. Hybrydy neandertalskie w końcu zastąpią gatunek homo sapien.

Referencje

1. Weaver TD, Hublin JJ. Neandertal Birth Canal Shape and the Evolution of Human Childbirth. *Proc. Natl. Acad. Sci. USA* 2009; 106:8151-8156.
2. Kurup RA, Kurup PA. Endosymbiotic Actinidic Archaeal Mediated Warburg Phenotype Mediates Human Disease State. *Advances in Natural Science* 2012; 5(1):81-84.
3. Morgan E. The Neanderthal theory of autism, Asperger and ADHD; 2007, www.rdos.net/eng/asperger.htm.
4. Graves P. New Models and Metaphors for the Neanderthal Debate. *Current Anthropology* 1991; 32(5): 513-541.
5. Sawyer GJ, Maley B. Neanderthal zrekonstruowany. *The Anatomical Record Part B: The New Anatomist* 2005; 283B(1):23-31.
6. Bastir M, O'Higgins P, Rosas A. Facial Ontogeny in Neanderthals and Modern Humans. *Bastir M, O'Higgins P, Rosas A. Ontogeneza twarzy u neandertalczyków i współczesnych ludzi. Sci.* 2007; 274:1125-1132.
7. Neubauer S, Gunz P, Hublin JJ. Endocranial Shape Changes during Growth in Chimpanzees and Humans: Analiza morfometryczna Unique and Shared Aspects. *J. Hum. Evol.* 2010; 59:555-566.
8. Courchesne E, Pierce K. Brain Overgrowth in Autism during a Critical Time in Development: Implikacje dla rozwoju Neuronu Piramidalnego i Interneuronu i łączności. *Int. J. Dev. Neurosci.* 2005; 23:153–170.
9. Green RE, Krause J, Briggs AW, Maricic T, Stenzel U, Kircher M, Patterson N, Li H, Zhai W, *et al.* A Draft Sequence of the Neandertal Genome. *Science* 2010; 328:710-722.

10. Mithen SJ. *The Singing Neanderthals: The Origins of Music, Language, Mind and Body*; 2005, ISBN 0-297-64317-7.

11. Bruner E, Manzi G, Arsuaga JL. Encephalization and Allometric Trajectories in the Genus Homo: Dowody z linii neandertalskiej i nowoczesnej. *Proc. Natl. Acad. Sci. USA* 2003; 100:15335-15340.

12. Gooch S. *The Dream Culture of the Neanderthals: Strażnicy Starożytnej Mądrości.* Inner Traditions, Wildwood House, Londyn; 2006.

13. Gooch S. *The Neanderthal Legacy: Obudzenie naszych genetycznych i kulturowych korzeni.* Inner Traditions, Wildwood House, Londyn; 2008.

14. Kurtén B. *Den Svarta Tigern*, ALBA Publishing, Stockholm, Sweden; 1978.

15. Spikins P. *Autyzm, Integracja "Różnicy" i Pochodzenie Nowoczesnego Zachowania Człowieka.* Cambridge Archaeological Journal 2009; 19(2):179-201.

16. Eswaran V, Harpending H, Rogers AR. Genomika odrzuca wyłącznie afrykańskie pochodzenie człowieka. *Journal of Human Evolution* 2005; 49(1):1-18.

ROZDZIAŁ 3

NEANDERTHALICZNY CHOLESTEROL I AKTYNOWCE ZALEŻNE OD SHADOW BIOSPHERE ARCHAEA I VIROIDY OZNAKOWUJĄCE ABIOGENESĘ OPARTĄ NA CHŁODZIE - EWOLUCJA BIOLOGICZNEGO WSZECHŚWIATA

Wprowadzenie

Zwłóknienie wsierdzia (EMF) wraz z chorobą więdnięcia korzeni kokosa jest endemiczne dla Kerali z jej radioaktywnymi aktynowcami piasków plażowych. Aktynowce, takie jak rutyl produkujący wewnątrzkomórkowy niedobór magnezu z powodu miejsc wymiany rutylu z magnezem w błonie komórkowej zostały włączone do etiologii EMF1. Endogenna digoksyna, glikozyd steroidowy, który działa jako inhibitor ATPazy potasowo-sodowej jest również związany z jego etiologią z powodu wewnątrzkomórkowego niedoboru magnezu, który produkuje2. Wykazano również, że organizmy takie jak fitoplazmy i wiroidy również odgrywają rolę w etiologii tych chorób3,[4]. Endogenna digoksyna związana jest z patogenezą schizofrenii, nowotworów, zespołu metabolicznego X, choroby autoimmunologicznej i zwyrodnienia neuronów2. Rozważano możliwość syntezy endogennej digoksyny przez prymitywne organizmy oparte na aktynowcach, takie jak archaiki o szlaku mewalonatowym i katabolizm cholesterolowy5-7. Davies zaproponował koncepcję biosfery cieni organizmów z alternatywną biochemią obecną w samej ziemi8. Opisano zależną od aktynowców biosferę cieni archaicznych i wiroidów w wyżej wymienionych stanach chorobowych6. Postuluje się, że aktynowce metalowe w piaskach plażowych odgrywają rolę w abiogenezie6. Do abiogenezy przyczyniłyby się minerały aktynowców, takie jak rutyl, monazyt i illmenit w wyniku metabolizmu powierzchniowego9. Przedstawiono hipotezę o cholesterolu jako pierwotnej prebiotycznej cząsteczce syntetyzowanej na powierzchniach aktynowców z wszystkimi innymi biomolekułami z niego wynikającymi oraz o samoreplikującym się organizmie lipidowym cholesterolu jako wstępnej formie życia. Hipotezuje się rolę archaicznych aktynowców w genezie międzygwiezdnych wielopierścieniowych węglowodorów aromatycznych oraz międzygwiezdnych pól magnetycznych ważnych w ewolucji wszechświata.

Materiały i metody

Uzyskano świadomą zgodę uczestników i zgodę komisji etycznej na przeprowadzenie badania. Badaniami objęto następujące grupy: - zwłóknienie mięśnia sercowego, choroba

Alzheimera, stwardnienie rozsiane, chłoniak nieziarniczy, zespół metaboliczny X z zakrzepicą naczyń mózgowych i chorobą wieńcową, schizofrenia, autyzm, zaburzenia napadowe, choroba Creutzfeldta Jakoba i zespół nabytego niedoboru odporności. W każdej grupie znajdowało się 10 pacjentów, a każdy z nich miał dopasowaną do wieku i płci zdrową kontrolę wybraną losowo z populacji ogólnej. Próbki krwi pobierano w stanie postu przed rozpoczęciem leczenia. Zastosowano osocze z poszczącej krwi heparynizowanej, a protokół doświadczalny był następujący: (I) Osocze + sól fizjologiczna buforowana fosforanem, (II) taka sama jak substrat I+cholesterolu, (III) taka sama jak II+rutyl 0,1 mg/ml, oraz (IV) taka sama jak II+profloksacyna i doksycyklina, każda w stężeniu 1 mg/ml. Podłoże cholesterolowe zostało przygotowane w sposób opisany przez Richmond10. Pozostałości wycofywano w czasie zerowym bezpośrednio po zmieszaniu i po inkubacji w temperaturze 37 ^{oC} przez 1 godzinę. Przeprowadzono następujące oznaczenia: - cytochrom F420, wolne RNA, wolne DNA, kwas muramowy, wielopierścieniowe węglowodory aromatyczne, nadtlenek wodoru, serotonina, pirogronian, amoniak, glutaminian, cytochrom C, heksokinaza, syntaza ATP, reduktaza HMG CoA, digoksyna i kwasy żółciowe11-14. Cytoksymetrię F420 oszacowano mącznikowo (długość fali wzbudzenia 420 nm i długość fali emisji 520 nm). Wielopierścieniowe węglowodory aromatyczne oceniano poprzez pomiar nadtlenku wodoru uwalnianego za pomocą odczynnika glukozowego. Analiza statystyczna została przeprowadzona przez ANOVA.

Wyniki

Sprawdzono następujące parametry: - cytochrom F420, wolne RNA, wolne DNA, kwas muramowy, wielopierścieniowe węglowodory aromatyczne, nadtlenek wodoru, serotonina, pirogronian, amoniak, glutaminian, cytochrom C, heksokinaza, syntaza ATP, reduktaza HMG CoA, digoksyna i kwasy żółciowe. W osoczu osób z grupy kontrolnej stwierdzono podwyższony poziom wyżej wymienionych parametrów po inkubacji przez 1 godzinę i dodaniu substratu cholesterolowego, co spowodowało dalszy znaczący wzrost tych parametrów. W osoczu chorych uzyskano podobne wyniki, ale zakres wzrostu był większy. Dodatek antybiotyków do osocza kontrolnego powodował spadek wszystkich parametrów, natomiast dodatek rutylu zwiększał ich poziom. Dodatek antybiotyków do osocza pacjenta spowodował spadek wszystkich parametrów, podczas gdy dodatek rutylu zwiększył ich poziom, ale zakres zmian był większy w osoczu pacjenta w porównaniu z grupą kontrolną. Wyniki są wyrażone w tabelach 1-7 jako procentowa zmiana parametrów po 1 godzinie inkubacji w porównaniu do wartości w czasie zerowym.

Tabela 1. Wpływ rutylu i antybiotyków na cytochrom F420 i kwas muramowy

Grupa	**CYT F420 %** (Zwiększyć za pomocą Rutylu)		**CYT F420 %** (Zmniejszyć za pomocą Doxy+Cipro)		**Kwas muramiczny zmiana %** (Zwiększyć za pomocą Rutylu)		**Kwas muramiczny zmiana %** (Zmniejszyć za pomocą Doxy+Cipro)	
	Mean	**± SD**	**Mean**	**± SD**	**Mean**	**± SD**	**Mean**	**± SD**
Normalny	4.48	0.15	18.24	0.66	4.45	0.14	18.25	0.72
Schizo	23.24	2.01	58.72	7.08	23.01	1.69	59.49	4.30
Zajęcie	23.46	1.87	59.27	8.86	22.67	2.29	57.69	5.29
AD	23.12	2.00	56.90	6.94	23.26	1.53	60.91	7.59
MS	22.12	1.81	61.33	9.82	22.83	1.78	59.84	7.62
NHL	22.79	2.13	55.90	7.29	22.84	1.42	66.07	3.78
DM	22.59	1.86	57.05	8.45	23.40	1.55	65.77	5.27
AIDS	22.29	1.66	59.02	7.50	23.23	1.97	65.89	5.05
CJD	22.06	1.61	57.81	6.04	23.46	1.91	61.56	4.61
Autyzm	21.68	1.90	57.93	9.64	22.61	1.42	64.48	6.90
EMF	22.70	1.87	60.46	8.06	23.73	1.38	65.20	6.20
Wartość F	306.749		130.054		391.318		257.996	
Wartość P	< 0.001		< 0.001		< 0.001		< 0.001	

Tabela 2. Wpływ rutylu i antybiotyków na wolne RNA i DNA

Grupa	**DNA % zmiana** (Zwiększyć za pomocą Rutylu)		**DNA % zmiana** (Zmniejszyć za pomocą Doxy+Cipro)		**RNA % zmiana** (Zwiększyć za pomocą Rutylu)		**RNA % zmiana** (Zmniejszyć za pomocą Doxy+Cipro)	
	Mean	**± SD**	**Mean**	**± SD**	**Mean**	**± SD**	**Mean**	**± SD**
Normalny	4.37	0.15	18.39	0.38	4.37	0.13	18.38	0.48
Schizo	23.28	1.70	61.41	3.36	23.59	1.83	65.69	3.94
Zajęcie	23.40	1.51	63.68	4.66	23.08	1.87	65.09	3.48
AD	23.52	1.65	64.15	4.60	23.29	1.92	65.39	3.95
MS	22.62	1.38	63.82	5.53	23.29	1.98	67.46	3.96
NHL	22.42	1.99	61.14	3.47	23.78	1.20	66.90	4.10
DM	23.01	1.67	65.35	3.56	23.33	1.86	66.46	3.65
AIDS	22.56	2.46	62.70	4.53	23.32	1.74	65.67	4.16
CJD	23.30	1.42	65.07	4.95	23.11	1.52	66.68	3.97
Autyzm	22.12	2.44	63.69	5.14	23.33	1.35	66.83	3.27
EMF	22.29	2.05	58.70	7.34	22.29	2.05	67.03	5.97
Wartość F	337.577		356.621		427.828		654.453	
Wartość P	< 0.001		< 0.001		< 0.001		< 0.001	

Tabela 3. Wpływ rutylu i antybiotyków na reduktazę HMG CoA i syntezę ATP

Grupa	HMG CoA R zmiana % (Zwiększyć za pomocą Rutylu)		HMG CoA R zmiana % (Zmniejszyć za pomocą Doxy+Cipro)		Syntaza ATP % (Zwiększyć za pomocą Rutylu)		Syntaza ATP % (Zmniejszyć za pomocą Doxy+Cipro)	
	Mean	**± SD**	**Mean**	**± SD**	**Mean**	**± SD**	**Mean**	**± SD**
Normalny	4.30	0.20	18.35	0.35	4.40	0.11	18.78	0.11
Schizo	22.91	1.92	61.63	6.79	23.67	1.42	67.39	3.13
Zajęcie	23.09	1.69	61.62	8.69	23.09	1.90	66.15	4.09
AD	23.43	1.68	61.68	8.32	23.58	2.08	66.21	3.69
MS	23.14	1.85	59.76	4.82	23.52	1.76	67.05	3.00
NHL	22.28	1.76	61.88	6.21	24.01	1.17	66.66	3.84
DM	23.06	1.65	62.25	6.24	23.72	1.73	66.25	3.69
AIDS	22.86	2.58	66.53	5.59	23.15	1.62	66.48	4.17
CJD	22.38	2.38	60.65	5.27	23.00	1.64	66.67	4.21
Autyzm	22.72	1.89	64.51	5.73	22.60	1.64	66.86	4.21
EMF	22.92	1.48	61.91	7.56	23.37	1.31	63.97	3.62
Wartość F	319.332		199.553		449.503		673.081	
Wartość P	< 0.001		< 0.001		< 0.001		< 0.001	

Tabela 4. Wpływ rutylu i antybiotyków na digoksynę i kwasy żółciowe

Grupa	Digoksyna (ng/ml) (Zwiększyć za pomocą Rutylu)		Digoksyna (ng/ml) (Zmniejszyć za pomocą Doxy+Cipro)		Kwasy żółciowe % zmiana (Zwiększyć za pomocą Rutylu)		Kwasy żółciowe % zmiana (Zmniejszyć za pomocą Doxy+Cipro)	
	Mean	**± SD**	**Mean**	**± SD**	**Mean**	**± SD**	**Mean**	**± SD**
Normalny	0.11	0.00	0.054	0.003	4.29	0.18	18.15	0.58
Schizo	0.55	0.06	0.219	0.043	23.20	1.87	57.04	4.27
Zajęcie	0.51	0.05	0.199	0.027	22.61	2.22	66.62	4.99
AD	0.55	0.03	0.192	0.040	22.12	2.19	62.86	6.28
MS	0.52	0.03	0.214	0.032	21.95	2.11	65.46	5.79
NHL	0.54	0.04	0.210	0.042	22.98	2.19	64.96	5.64
DM	0.47	0.04	0.202	0.025	22.87	2.58	64.51	5.93
AIDS	0.56	0.05	0.220	0.052	22.29	1.47	64.35	5.58
CJD	0.53	0.06	0.212	0.045	23.30	1.88	62.49	7.26
Autyzm	0.53	0.08	0.205	0.041	22.21	2.04	63.84	6.16
EMF	0.51	0.05	0.213	0.033	23.41	1.41	58.70	7.34
Wartość F	135.116		71.706		290.441		203.651	
Wartość P	< 0.001		< 0.001		< 0.001		< 0.001	

Tabela 5. Wpływ rutylu i antybiotyków na pyruwat i heksokinazę

Grupa	**Pirwat % zmiana** (Zwiększyć za pomocą Rutylu)		**Pirwat % zmiana** (Zmniejszyć za pomocą Doxy+Cipro)		**Heksokinaza zmiana %** (Zwiększyć za pomocą Rutylu)		**Heksokinaza zmiana %** (Zmniejszyć za pomocą Doxy+Cipro)	
	Mean	**± SD**	**Mean**	**± SD**	**Mean**	**± SD**	**Mean**	**± SD**
Normalny	4.34	0.21	18.43	0.82	4.21	0.16	18.56	0.76
Schizo	20.99	1.46	61.23	9.73	23.01	2.61	65.87	5.27
Zajęcie	20.94	1.54	62.76	8.52	23.33	1.79	62.50	5.56
AD	22.63	0.88	56.40	8.59	22.96	2.12	65.11	5.91
MS	21.59	1.23	60.28	9.22	22.81	1.91	63.47	5.81
NHL	21.19	1.61	58.57	7.47	22.53	2.41	64.29	5.44
DM	20.67	1.38	58.75	8.12	23.23	1.88	65.11	5.14
AIDS	21.21	2.36	58.73	8.10	21.11	2.25	64.20	5.38
CJD	21.07	1.79	63.90	7.13	22.47	2.17	65.97	4.62
Autyzm	21.91	1.71	58.45	6.66	22.88	1.87	65.45	5.08
EMF	22.29	2.05	62.37	5.05	21.66	1.94	67.03	5.97
Wartość F	321.255		115.242		292.065		317.966	
Wartość P	< 0.001		< 0.001		< 0.001		< 0.001	

Tabela 6. Wpływ rutylu i antybiotyków na nadtlenek wodoru oraz kwas delta amino lewulinowy

Grupa	**H2O2 %** (Zwiększyć za pomocą Rutylu)		**H2O2 %** (Zmniejszyć za pomocą Doxy+Cipro)		**ALA %** (Zwiększyć za pomocą Rutylu)		**ALA %** (Zmniejszyć za pomocą Doxy+Cipro)	
	Mean	**± SD**	**Mean**	**± SD**	**Mean**	**± SD**	**Mean**	**± SD**
Normalny	4.43	0.19	18.13	0.63	4.40	0.10	18.48	0.39
Schizo	22.50	1.66	60.21	7.42	22.52	1.90	66.39	4.20
Zajęcie	23.81	1.19	61.08	7.38	22.83	1.90	67.23	3.45
AD	22.65	2.48	60.19	6.98	23.67	1.68	66.50	3.58
MS	21.14	1.20	60.53	4.70	22.38	1.79	67.10	3.82
NHL	23.35	1.76	59.17	3.33	23.34	1.75	66.80	3.43
DM	23.27	1.53	58.91	6.09	22.87	1.84	66.31	3.68
AIDS	23.32	1.71	63.15	7.62	23.45	1.79	66.32	3.63
CJD	22.86	1.91	63.66	6.88	23.17	1.88	68.53	2.65
Autyzm	23.52	1.49	63.24	7.36	23.20	1.57	66.65	4.26
EMF	23.29	1.67	60.52	5.38	22.29	2.05	61.91	7.56
Wartość F	380.721		171.228		372.716		556.411	
Wartość P	< 0.001		< 0.001		< 0.001		< 0.001	

Tabela 7. Wpływ rutylu i antybiotyków na WWA i serotoninę

Grupa	PAH % (Zwiększyć za pomocą Rutylu)		PAH % (Zmniejszyć za pomocą Doxy+Cipro)		5 HT % zmiana (Zwiększyć za pomocą Rutylu)		5 HT % zmiana (Zmniejszyć za pomocą Doxy+Cipro)	
	Mean	+ SD	Mean	+ SD	Mean	+ SD	Mean	+ SD
Normalny	4.41	0.15	18.63	0.12	4.34	0.15	18.24	0.37
Schizo	21.88	1.19	66.28	3.60	23.02	1.65	67.61	2.77
Zajęcie	22.29	1.33	65.38	3.62	22.13	2.14	66.26	3.93
AD	23.66	1.67	65.97	3.36	23.09	1.81	65.86	4.27
MS	22.92	2.14	67.54	3.65	21.93	2.29	63.70	5.63
NHL	23.81	1.90	66.95	3.67	23.12	1.71	65.12	5.58
DM	24.10	1.61	65.78	4.43	22.73	2.46	65.87	4.35
AIDS	23.43	1.57	66.30	3.57	22.98	1.50	65.13	4.87
CJD	23.70	1.75	68.06	3.52	23.81	1.49	64.89	6.01
Autyzm	22.76	2.20	67.63	3.52	22.79	2.20	64.26	6.02
EMF	22.28	1.52	64.05	2.79	22.82	1.56	64.61	4.95
Wartość F	403.394		680.284		348.867		364.999	
Wartość P	< 0.001		< 0.001		< 0.001		< 0.001	

Dyskusja

Nastąpił wzrost cytochromu F420 wskazujący na wzrost archeologiczny. Archaeea mogą syntezować i wykorzystywać cholesterol jako źródło węgla i energii15,[16]. Archeologiczne pochodzenie aktywności enzymu zostało wskazane przez antybiotykową supresję. Badanie wskazuje na obecność w układzie archaiki opartej na aktynowcach z alternatywnymi enzymami opartymi na aktynowcach lub metalloenzymach, na co wskazuje wzrost aktywności enzymu wywołany rutylem17. Stwierdzono również wzrost aktywności reduktazy HMG CoA, co wskazuje na zwiększoną syntezę cholesterolu na drodze mewalonianu. Zwiększono aktywność archeologicznej dehydrogenazy beta-hydroksylosteroidowej wskazującej na syntezę digoksyny oraz aktywność archeologicznej hydroksylazy cholesterolowej wskazującej na syntezę kwasu żółciowego7. Zwiększono aktywność oksydazy cholesterolowej, co doprowadziło do wytworzenia pirogronianu i nadtlenku wodoru16. Pirogronian ulega konwersji do glutaminianu i amoniaku za pomocą szlaku bocznicowego GABA. Wykryto również archeologiczną aromatyzację cholesterolu generującego WWA, serotoninę i dopaminę18. Zwiększono aktywność glikolitycznej heksokinazy i zewnątrzkomórkowej syntazy ATP. Archaiki mogą ulegać mineralizacji magnetytowej i węglanu wapnia i mogą występować jako zwapnione nanoformy19. Tam był wzrost w wolnym RNA wskazuje na samoreplikujących się wiroidów RNA i wolny DNA wskazuje generację wiroidowych uzupełniających się nici DNA przez archealitycznej odwróconej aktywności transkryptazy. Aktynowce modulują składanie RNA i katalizują jego rybozymalne działanie. Digoksyna może przecinać i wklejać nitki wiroidalne poprzez modulację splotu RNA generując różnorodność wiroidalną RNA. Wiroidy są ewolucyjnie wymykającymi się z archaicznej grupy I intronami, które mają właściwości retrotranspozycyjne i samosplinujące20. Pirogronian archeologiczny może wytwarzać inhibicję deacetylazy histonowej, co powoduje odwrotną transkryptazę endogenną (HERV) i ekspresję integracyjną. Może to integrować wiroidalne uzupełniające DNA RNA do niekodującego regionu eukariotycznego niekodującego DNA przy użyciu HERV integrase, jak opisano dla wirusów borna i ebola21. Wydłużenie niekodującego DNA następuje poprzez zintegrowanie wiroidalnego DNA uzupełniającego RNA z integracją przebiegającą w sposób ciągły. Genom archaea może również zostać zintegrowany z ludzkim genomem za pomocą integrase, jak opisano dla trypanosomów22. Zintegrowane wiroidy i archaiki mogą przechodzić transmisję pionową i mogą istnieć jako pasożyty genomowe[21,22]. Zwiększa to długość i zmienia gramatykę niekodującego regionu, wytwarzając memy lub pamięć nabytych postaci23. Uzupełniające DNA wiroidalne może funkcjonować jako przeskakujące geny produkujące dynamiczny genom ważny w przechowywaniu informacji synaptycznych, ekspresji genów HLA i ekspresji genów rozwojowych. Wiroidy RNA mogą regulować funkcję mRNA poprzez interferencję RNA20. Zjawisko interferencji RNA może modulować funkcje komórek T i B, insuliny sygnalizującej metabolizm lipidów, wzrost i różnicowanie komórek, apoptozę, transmisję neuronów oraz ekspresję euchromatyny/heterochromatyny.

Obecność kwasu muramowego, reduktazy HMG CoA i aktywności oksydazy cholesterolowej zahamowanej przez antybiotyki wskazuje na obecność bakterii o szlaku mewalonatowym. Bakterie o szlaku mewalonianowym to paciorkowce, gronkowce, aktynomiocyty, listeria, koksiella i borrelia24. Bakterie i archaiki o szlaku mewalonatowym i katabolizmie cholesterolowym miały ewolucyjną przewagę i stanowią organizm o kladowej budowie izoprenoidalnej, a archaiki ewoluują w mewalonatowy szlak gram-dodatni i gram-ujemny poprzez horyzontalny transfer genów wiroidalnych i wirusowych25. Izoprenoidalne kladowe prokarioty rozwijają się w inne grupy prokariotów poprzez horyzontalny transfer genów wiroidalnych i wirusowych oraz eukariotyczny horyzontalny transfer genów produkujących specjację bakteryjną26. Wiroidy RNA i ich DNA uzupełniające rozwinęły się w cholesterol otoczony RNA i wirusy DNA, takie jak opryszczka, retrowirus, wirus grypy, wirus boreny, wirus cytomegalo i wirus epsteina barra poprzez rekombinację z genami eukariotycznymi i ludzkimi, co prowadzi do specjacji wirusowej. Gatunki bakteryjne i wirusowe są chorobliwie zdefiniowane i rozmyte, a wszystkie tworzą jedną wspólną pulę genetyczną z częstym horyzontalnym transferem i rekombinacją genów. Tak więc wielokomórkowy i jednokomórkowy eukarionot z jego genami służy do specjacji prokariotycznej i wirusowej. Eukarionot wielokomórkowy rozwinął się w taki sposób, że ich endosymbiotyczne kolonie archeologiczne mogły lepiej przetrwać i żerować. Eukarionty wielokomórkowe są jak biofilmy bakteryjne. Archaiki i bakterie o szlaku mewalonatowym wykorzystują pozakomórkowe wiroidy RNA i wiroidy DNA do wykrywania kworum i w tworzeniu symbiotycznych struktur biofilmu, które rozwijają się w wielokomórkowe eukarionty[27,28]. Endosymbiotyczne archaiki i bakterie o ścieżce mewalonianu nadal wykorzystują wiroidy RNA i wiroidy DNA do regulacji wielokomórkowego eukariontu. Zanieczyszczenie jest wywoływane przez prymitywne nanoarchaea i mewalonianowe bakterie szlaku syntetyzowanego WWA i metanu prowadzące do stresu redoks. Stres redoksowy prowadzi do hamowania ATPazy potasowo-sodowej, wewnętrznego ruchu cholesterolu błony komórkowej, wadliwego wykrywania SREBP, zwiększonej syntezy cholesterolu i wzrostu bakterii szlaku nanoarchaealno-mewalonianowego29. Stres związany z redoksem prowadzi do namnażania się wiroidów i archaicznych. Stres redoksowy może również prowadzić do odwrotnej transkryptazy HERV i integracyjnej ekspresji. Niekodujące DNA jest tworzone z połączenia RNA wiroidalnego DNA uzupełniającego i archaicznego z integracją przebiegającą jako wydarzenie ciągłe. Archaeal pox jak wirus dsDNA tworzy ewolucyjnie jądro. Zintegrowane sekwencje bakterii z drogi wiroidalnej, archaicznej i mewalonianu mogą przechodzić transmisję pionową i mogą występować jako pasożyty genomowe. Genomowe zintegrowane archaiki, bakterie szlaku mewalonianów i wiroidy tworzą genomową rezerwę bakterii i wirusów, które mogą rekombinować się z ludzkimi i eukariotycznymi genami tworząc specjację bakteryjną i wirusową. Zmiana długości i gramatyki regionu niekodującego wytwarza specjację eukariotyczną i indywidualność30. Integracja nanoarchaei, mewalonianów, prokariotów i wiroidów w genomie eukariotycznym i ludzkim wytwarza chimerę, która może rozmnażać się produkując biofilm jak wielokomórkowe struktury mające mieszane cechy archeologiczne, wiroidalne, prokariotyczne i eukariotyczne, który jest regresją od wielokomórkowej tkanki eukariotycznej. Powoduje to powstanie nowego fenotypu neuronalnego, metabolicznego, immunologicznego i tkankowego prowadzącego do choroby człowieka.

Archaiki i wiroidy mogą regulować układ nerwowy, w tym szlak wzgórzowo-korowo-okostnowy NMDA/GABA, pośredniczący w świadomym postrzeganiu[2,31].

Receptory NMDA/GABA mogą być modulowane przez indukowane digoksyną oscylacje wapniowe, które powodują indukcję aktywności NMDA/GAD, zwiększenie aktywności NMDA i indukcję GAD oraz interferencję RNA wywołaną przez wiroidy2. Oksydaza pierścieniowa generowana przez pirogronian cholesterolu może być przekształcona przez drogę bocznikową GABA w glutaminian i GABA. Dwubiegunowy WWA i archeologiczny magnetyt w otoczeniu indukowanego digoksyną zahamowania ATPazy potasowo-sodowej może wytworzyć w pompowanym układzie fononowym za pośrednictwem modelu Frohlicha stan nadprzewodnikowy indukujący kwantową percepcję z nanoarchaealową grawitacją wytwarzającą zaaranżowaną redukcję możliwości kwantowych do świata makroskopowego[2,31]. Archaea może regulować transmisję w płacie limbicznym za pomocą archeologicznych aromatazy cholesterolowej/oksydazy pierścieniowej generowanej noradrenaliną, dopaminą, serotoniną i acetylocholiną18. Wyższy stopień integracji archaiki z genomem powoduje zwiększenie syntezy digoksyny produkującej dominację prawej półkuli i mniejszy stopień produkujący dominację lewej półkuli2. Zwiększony stopień integracji archai do genomu neuronów może produkować zwiększoną oksydazę cholesterolu i aromatazy pośredniej monoaminy i transmisji NMDA produkujących schizofrenię i autyzm. Archaea i RNA wiroid może wiązać receptor TLR indukować NFKB produkując aktywację immunologiczną i cytokiny TNF alfa wydzielanie. Archaeal DXP oraz metabolity szlaku mewalonianu mogą wiązać γδTCR oraz sygnalizacja wapniowa wywołana digoksyną może aktywować NFKB produkując chroniczną aktywację immunologiczną[2,32]. Archaea i wiroidy indukowane chroniczną aktywację immunologiczną i generowanie superantygenów może prowadzić do choroby autoimmunologicznej. Archaea, wiroidy i digoksyna mogą indukować gospodarza AKT PI3K, AMPK, HIF alpha i NFKB produkujące fenotyp metaboliczny Warburga33. Zwiększona aktywność heksokinazy glikolowej, spadek ATP we krwi, wyciek cytochromu C, wzrost pirogronianu surowicy i spadek acetylo CoA wskazuje na wytwarzanie fenotypu Warburga. Następuje indukcja glikolizy, hamowanie aktywności PDH i dysfunkcja mitochondriów, co prowadzi do niewydolności energetycznej i zespołu metabolicznego. Cytokiny generowane przez archaiki i wiroidy mogą prowadzić do indukowanej przez TNF alfa insulinooporności i zespołu metabolicznego X. Nagromadzony pirogronian wchodzi w drogę bocznikową GABA i jest przekształcany w cytrynian, który jest aktywowany przez lizę cytrynianową i przekształcany w acetylo CoA, wykorzystywany do syntezy cholesterolu33. Pirogronian może być przekształcony w glutaminian i amoniak, który jest utleniany przez archaiki dla potrzeb energetycznych. Podwyższony poziom cholesterolu w podłożu prowadzi do zwiększonego wzrostu archeologicznego i syntezy digoksyny prowadzącej do skierowania metabolizmu na ścieżkę mewalonianu. Archaiczne kwasy żółciowe są hormonami steroidowymi, które mogą wiązać GPCR i modulować D2 regulując konwersję T4 do T3, co aktywuje białka rozpraszające, może aktywować NRF ½ indukujące NQO1, GST, HOI redukujące stres redoks, może wiązać FXR regulując wrażliwość receptorów insulinowych i wiązać PXR indukujące ścieżkę bocznikowej detoksykacji cholesterolu34. Indukowana przez archaiki i wiroidy aktywacja monocytów oraz fenotyp Warburga powodujący zwiększoną syntezę cholesterolu prowadzi do aterogenezy. Fenotyp Warburga indukowany zwiększoną heksokinazą porów PT mitochondrialnego, arktycznym WWA i interferencją RNA indukowaną przez wiroidy może prowadzić do transformacji złośliwej. Digoksyna i WWA indukowane zwiększonym wewnątrzkomórkowego wapnia może prowadzić do dysfunkcji porów PT, śmierci komórek i zwyrodnienia neuronów2. Archealny katabolizm cholesterolu może zubożyć błony komórkowe cholesterolu, co prowadzi do dysfunkcji i zwyrodnienia organów. Wiroidy RNA mogą rekombinować się z sekwencjami HERV i zamykać się w mikropuszkach przyczyniając się do stanu retroviralnego. Konformacja białek prionowych jest modulowana przez wiązanie wiroidów RNA produkujących chorobę prionową. Archaeal digoksyna i rutylu indukowane zubożenie magnezu może prowadzić do osadzania się MPS i produkować EMF, CCP, MNG i angiopatii śluzówkowej2.

Aktynowce metali dostarczają energii radiolitycznej, katalizują tworzenie oligomerów i dostarczają jonów koordynujących dla metalloenzymów, które są ważne w abiogenezie6. Metabolizm powierzchniowy aktynowców metalicznych generuje octan, który może zostać przekształcony w acetyl CoA, a następnie w cholesterol, który funkcjonuje jako pierwotna cząsteczka prebiotyku, organizując się w samoreplikujące się układy nadcząsteczkowe, organizm lipidowy8[9,35]. Cholesterol w wyniku radiolizy przez aktynowce tworzyłby WWA wytwarzające WWA organizm aromatyczny8. W wyniku radiolizy cholesterolu powstawałyby pirogronian, który przekształcałby się w aminokwasy, cukry, nukleotydy, porfiryny, kwasy tłuszczowe i kwasy TCA. Powierzchnie anastazowe i rutylowe mogą wytwarzać polimeryzację aminokwasów, pozostałości izoprenylu, WWA i nukleotydów, aby wygenerować początkowy organizm lipidowy, organizm WWA, priony i wiroidy RNA, które byłyby symbiontowane w celu wygenerowania archeologicznej protocelki. Archaiki wyewoluowały w bakterie gram-ujemne i gram-dodatnie o szlaku mewalonatowym, który miał przewagę ewolucyjną, a symbioza archaiki z organizmem gram-ujemną generowała komórkę eukariotyczną36. Dane te potwierdzają utrzymywanie się aktynowców i cholesterolu w biosferze cieni, która rzuca światło na aktynowców i cholesterolu jako pierwszej cząsteczce prebiotycznej.

Archaea mogą syntezować magnetyt poprzez biomineralizację. Archaiczny katabolizm cholesterolu może generować PAH. Archaiki mogą istnieć jako nanoarchaiki i mogą mieć zwapniałe nanoformy. Aktynoidalne nanoarchaea magnetotaktyczne i ich wydzielane organizmy WWA są ekstremofilami i przetrwają w przestrzeni międzygwiezdnej oraz mogą przyczyniać się do powstawania ziaren międzygwiezdnych i pól magnetycznych, które odgrywają rolę w tworzeniu galaktyk i układów gwiezdnych37. Ziarna pyłu kosmicznego zajmują przestrzeń międzygalaktyczną i uważa się, że są utworzone z bakterii magnetotaktycznych zidentyfikowanych na podstawie ich sygnatur spektralnych. Zgodnie z hipotezą Hoyle'a, bakterie magnetotaktyczne pyłu kosmicznego odgrywają rolę w powstawaniu międzygalaktycznego pola magnetycznego. Pole magnetyczne o sile równej około jednej milionowej części pola magnetycznego Ziemi istnieje w dużej części naszej galaktyki. Pliki magnetyczne mogą być wykorzystywane do śledzenia spiralnych ramion galaktyki według wzoru linii pola łączących młode gwiazdy i pył, w których w szybkim tempie powstają nowe gwiazdy. Badania wykazały, że ułamek cząstek pyłu ma wydłużony kształt podobny do pałeczek i są one systematycznie układane w naszej galaktyce. Ponadto kierunek wyrównania jest taki, że długie osie pyłu mają tendencję do znajdowania się pod kątem prostym do kierunku galaktycznego pola magnetycznego w każdym punkcie. Bakterie magnetostatyczne mają tę właściwość, że wpływają na obserwowany stopień wyrównania. Fakt, że bakterie magnetotaktyczne wydają się być połączone z liniami pola magnetycznego, które przechodzą przez spiralne ramiona galaktyki łączące jeden region powstawania gwiazdy z innym, wspiera ich rolę w formowaniu gwiazd oraz w rozkładzie i rotacji masy gwiazd. Zapotrzebowanie na substancje odżywcze dla populacji bakterii międzygwiezdnych pochodzi z masy wypływającej z supernowych zamieszkujących galaktykę. Giganty powstające w procesie ewolucji takich gwiazd doświadczają zjawiska, w którym materiał zawierający azot, tlenek węgla, wodór, hel, wodę i pierwiastki śladowe niezbędne do życia stale wypływa w przestrzeń kosmiczną. Bakterie międzygwiezdne potrzebują płynnej wody. Woda istnieje tylko jako para lub ciało stałe w przestrzeni międzygwiezdnej i tylko poprzez tworzenie się gwiazd prowadzących do powiązanych z nimi planet i ciał kometarnych można uzyskać dostęp do ciekłej wody. Kontrola warunków prowadzących do powstawania gwiazd ma ogromne znaczenie w biologii kosmicznej. Szybkość tworzenia się gwiazd jest kontrolowana przez dwa czynniki. Zbyt wysokie tempo tworzenia się gwiazd powoduje destrukcyjne działanie promieniowania UV i niszczy biologię kosmiczną. Tworzenie się gwiazd, jak już wcześniej wspomniano, wytwarza wodę niezbędną do rozwoju bakterii. Biologia kosmiczna bakterii magnetotaktycznych i tworzenie się gwiazd są zatem ściśle powiązane. Systemy takie jak systemy słoneczne nie powstają w wyniku przypadkowej kondensacji plam gazu międzygwiezdnego. Tylko poprzez rygorystyczną kontrolę rotacji różnych części systemu, galaktyki i układ słoneczny mogłyby ewoluować. Klucz do utrzymania kontroli nad rotacją wydaje się leżeć w międzygalaktycznym polu magnetycznym, jak w rzeczywistości całe zjawisko powstawania gwiazd. Międzygalaktyczne pole magnetyczne zawdzięcza swoje pochodzenie okładzinom bakterii magnetotaktycznych, a kosmiczna biologia bakterii międzygwiezdnych może prosperować tylko poprzez utrzymanie silnej kontroli nad międzygwiezdnym polem magnetycznym, a tym samym nad tempem formowania się gwiazd i rodzajem wytwarzanego systemu gwiezdnego. To wskazuje na kosmiczną inteligencję lub mózg zdolny do obliczenia, analizy i eksploracji wszechświata na dużą skalę - sieci bakterii magnetotaktycznych. Pochodzenie życia na Ziemi zgodnie z hipotezą Hoyle'a polegałoby na wysiewaniu bakterii z zewnętrznej przestrzeni międzygalaktycznej. Komety przenoszące mikroorganizmy wchodziłyby w interakcję z Ziemią. Cienka skóra z grafityzowanego materiału wokół pojedynczej bakterii lub kępy bakterii może osłonić wnętrze przed zniszczeniem przez promieniowanie UV. Nagły gwałtowny wzrost i zróżnicowanie gatunków roślin i zwierząt oraz ich równie nagłe wyginięcie widoczne w zapisach kopalnych wskazują na sporadyczną ewolucję wytwarzaną przez indukcję świeżych genów kometarnych wraz z pojawieniem się każdej większej nowej uprawy komet38[,39]. Międzygwiezdny organizm aromatyczny WWA tworzy się z katabolizmu cholesterolu nanoarchaealicznego. WWA i cholesterol są międzygwiezdnymi cząsteczkami pierwotnymi prebiotyków. Organizm aromatyczny WWA i nanoarchaealny magnetyt mogą mieć falowo-cząsteczkowe istnienie i łączyć świat bozonów i fermionów. Nanoarchaea może tworzyć biofilmy, a aromatyczny organizm WWA może tworzyć w biofilmie kwantową chmurę molekularną, która tworzy inteligencję międzygwiezdną regulującą tworzenie się układów gwiezdnych i galaktyk. Załadowane magnetytem biofilmy nanoarchaealne i kwantowe chmury obliczeniowe organizmów aromatycznych PAH mogą stanowić pomost pomiędzy falowo-cząsteczkowym światem funkcjonującym jako obserwator antropiczny wyczuwający grawitację, który zarządza redukcją kwantowego świata możliwości do świata makroskopowego. Nanoarchaea oparta na aktynowcach może regulować obieg węgla w ziemi poprzez metanogenezę, obieg azotu poprzez utlenianie amoniaku i tworzenie się deszczu poprzez wkład w jądro siewne. Temperatura ziemi oraz globalne ocieplenie i chłodzenie są regulowane przez nanoarchaeal syntetyzowane WWA z cholesterolu i metanogenezy. Zwiększony wzrost nanoarchaealiczny w dnie oceanów i glebie prowadzi do zwiększonej produkcji metanu i przemieszczania się skorupy ziemskiej powodującej tsunami i masowe trzęsienia ziemi prowadzące do katastrofalnego masowego wyginięcia40. Odwieczne nanoarchaea przeżywają i ponownie rozpoczynają cykl ewolucji. Oparty na aktynowcach nanoarchaea reguluje system ludzki i biologiczny wszechświat.

Referencje

1. Valiathan M.S., Somers, K., Kartha, C.C. (1993). *Endomyocardial Fibrosis*. Delhi: Oxford University Press.
2. Kurup R., Kurup, P.A. (2009). *Hypothalamic Digoxin, Cerebral Dominance and Brain Function in Health and Diseases*. Nowy Jork: Nova Science Publishers.
3. Hanold D., Randies, J.W. (1991). Coconut cadang-cadang disease and its viroid agent, *Plant Disease,* 75, 330-335.
4. Edwin B.T., Mohankumaran, C. (2007). Kerala wilczyca phytoplasma: Phylogenetic analysis and identification of a vector, *Proutista moesta, Physiological and Molecular Plant Pathology,* 71(1-3), 41-47.
5. Eckburg P.B., Lepp, P.W., Relman, D.A. (2003). Archaea and their potential role in human disease, *Infect Immun,* 71, 591-596.
6. Adam Z. (2007). Actinides and Life's Origins, *Astrobiology,* 7, 6-10.
7. Schoner W. (2002). Endogenous cardiac glycosides, a new class of steroid hormones, *Eur J Biochem,* 269, 2440-2448.
8. Davies P.C.W., Benner, S.A., Cleland, C.E., Lineweaver, C.H., McKay, C.P., Wolfe-Simon, F. (2009). Podpisy Shadow Biosphere, *Astrobiology,* 10, 241-249.
9. Wächtershäuser G. (1988). Przed enzymami i szablonami: teoria metabolizmu powierzchniowego, *Microbiol Rev,* 52(4), 452-84.
10. Richmond W. (1973). Preparation and properties of a cholesterol oxidase from nocardia species and its application to the enzymatic assay of total cholesterol in serum, *Clin Chem,* 19, 1350-1356.
11. Snell E.D., Snell, C.T. (1961). *Colorimetric Methods of Analysis.* Vol. 3A. Nowy Jork: Van NoStrand.
12. Glick D. (1971). *Metody analizy biochemicznej.* Vol. 5. Nowy Jork: Interscience Publishers.
13. Colowick, Kaplan, N.O. (1955). *Metody w enzymologii.* Tom 2. Nowy Jork: Prasa akademicka.
14. Maarten A.H., Marie-Jose, M., Cornelia, G., van Helden-Meewsen, Fritz, E., Marten, P.H. (1995). Detection of muramic acid in human spleen, *Infection and Immunity,* 63(5), 1652 - 1657.
15. Smit A., Mushegian, A. (2000). Biosynteza izoprenoidów poprzez mewalonian w Archaea: the lost pathway, *Genome Res,* 10(10), 1468-84.

16. Van der Geize R., Yam, K., Heuser, T., Wilbrink, M.H., Hara, H., Anderton, M.C. (2007). A gene cluster encoding cholesterol catabolism in a soil actinomycete provides insight into Mycobacterium tuberculosis survival in macrophages, *Proc Natl Acad Sci USA,* 104(6), 1947-52.

17. Francis A.J. (1998). Biotransformacja uranu i innych aktynowców w odpadach radioaktywnych, *Journal of Alloys and Compounds,* 271(273), 78-84.

18. Probian C., Wülfing, A., Harder, J. (2003). Anaerobic mineralization of quaternary carbon atoms: Isolation of denitrifying bacteria on pivalic acid (2,2-Dimethylpropionic acid), *Applied and Environmental Microbiology,* 69(3), 1866-1870.

19. Vainshtein M., Suzina, N., Kudryashova, E., Ariskina, E. (2002). New Magnet-Sensitive Structures in Bacterial and Archaeal Cells, *Biol Cell,* 94(1), 29-35.

20. Tsagris E.M., de Alba, A.E., Gozmanova, M., Kalantidis, K. (2008). Viroids, *Cell Microbiol,* 10, 2168.

21. Horie M., Honda, T., Suzuki, Y., Kobayashi, Y., Daito, T., Oshida, T. (2010). Endogenous non-retroviral RNA virus elements in mammalian genomes, *Nature,* 463, 84-87.

22. Hecht M., Nitz, N., Araujo, P., Sousa, A., Rosa, A., Gomes, D. (2010). Geny z pasożyta Chagasa mogą być przenoszone na ludzi i przekazywane dzieciom. Dziedziczenie DNA przeniesionego z amerykańskich trypanosomów na ludzkich żywicieli, *PLoS ONE,* 5, 2-10.

23. Flam F. (1994). Wskazówki dotyczące języka w śmieciowym DNA, *Science,* 266, 1320.

24. Horbach S., Sahm, H., Welle, R. (1993). Biosynteza izoprenoidów w bakteriach: dwie różne drogi? *FEMS Microbiol Lett,* 111, 135-140.

25. Gupta R.S. (1998). Protein phylogenetics and signature sequences: a reappraisal of evolutionary relationship among archaebacteria, eubacteria, and eukaryotes, *Microbiol Mol Biol Rev,* 62, 1435-1491.

26. Hanage W., Fraser, C., Spratt, B. (2005). Fuzzy species among recombinogenic bacteria, *BMC Biology,* 3, 6-10.

27. Whitchurch C.B., Tolker-Nielsen, T., Ragas, P.C., Mattick, J.S. (2002). DNA pozakomórkowe wymagane do tworzenia biofilmu bakteryjnego. *Science,* 295(5559), 1487.

28. Webb J.S., Givskov, M., Kjelleberg, S. (2003). Bacterial biofilms: prokaryotic adventures in multicellularity, *Curr Opin Microbiol,* 6(6), 578-85.

29. Chen Y., Cai, T., Wang, H., Li, Z., Loreaux, E., Lingrel, J.B. (2009). Regulation of intracellular cholesterol distribution by Na/K-ATPase, *J Biol Chem,* 284(22), 14881-90.

30. Poole A.M. (2006). Czy II grupa proliferacji intronowej na endosymbiontycznym archaeonie stworzyła eukarionty? *Biol Direct,* 1, 36-40.

31. Lockwood M. (1989). Umysł, *Mózg i Quantum*. Oksford: B. Blackwell.

32. Eberl M., Hintz, M., Reichenberg, A., Kollas, A., Wiesner, J., Jomaa, H. (2010). Microbial isoprenoid biosynthesis and human γδ T cell activation, *FEBS Letters,* 544(1), 4-10.

33. Wallace D.C. (2005). Mitochondria i rak: Warburg Addressed, *Cold Spring Harbor Symposia on Quantitative Biology,* 70, 363-374.

34. Lefebvre P., Cariou, B., Lien, F., Kuipers, F., Staels, B. (2009). Rola żółtych kwasów i żółtych receptorów kwasów w regulacji metabolicznej, *Physiol Rev,* 89(1), 147 - 191.

35. Russell M.J., Martin, W. (2004). The rocky roots of the acetyl-CoA Pathway, *Trends in Biochemical Sciences,* 29, 7.

36. Margulis L. (1996). Archaeal-eubacterial mergers in the origin of Eukarya: phylogenetic classification of life, *Proc Natl Acad Sci USA,* 93, 1071-1076.

37. Tielens A.G.G.M. (2008). Interstellar Polycyclic Aromatic Hydrocarbon Molecules, *Annual Review of Astronomy and Astrophysics,* 46, 289-337.

38. Wickramasinghe C. (2004). The universe: a kriogenic habitat for microbial life, *Cryobiology,* 48(2), 113-125.

39. Hoyle F., Wickramasinghe, C. (1988). *Cosmic Life-Force.* Londyn: J.M. Dent and Sons Ltd.

40. Dun D. (2005). *The Black Silent.* Nowy Jork: Pinnacle Books.

ROZDZIAŁ 4
DOWODY NA POCHODZENIE HOMO NEANDERTALCZYKÓW Z LEMURYJSKIEGO SUPERKONTYNENTU W OCEANIE INDYJSKIM.

Wprowadzenie

Postuluje się, że aktynoidalne piaski plażowe odgrywają kluczową rolę w abiogenezie. Przewlekłe kalcyficzne zapalenie trzustki (CCP), zwłóknienie mięśnia sercowego (EMF), wole wielomodułowe (MNG) i angiopatia błony śluzowej wraz z chorobą więdnięcia korzeni kokosa jest endemiczna dla Kerali z jej radioaktywnymi aktynowcami piasków plażowych. Aktynowców jak rutylu produkujących wewnątrzkomórkowego niedoboru magnezu z powodu aktynowców-magnezu wymiany miejsc w błonie komórkowej została włączona do etiologii EMF1-3. Endogenna digoksyna, glikozyd steroidowy, który działa jako inhibitor ATPazy potasowo-sodowej ATPazy błonowej jest również związane z jego etiologii EMF, CCP, MNG i angiopatii śluzówkowej4. Digoksyna wytwarza wewnątrzkomórkowy niedobór magnezu, który powoduje kwaśne nagromadzenie mukopolisacharydów w tkankach naczyniowych, sercowych i hormonalnych, przyczyniając się do patogenezy. Organizmy takie jak fitoplazmy i wiroidy również okazały się odgrywać rolę w etiologii choroby więdnięcia korzeni kokosa, która jest współwystępująca w Kerali[5,6]. Rozważano możliwość endogennej syntezy digoksyny przez prymitywne organizmy oparte na aktynowcach, takie jak archaiki o szlaku mewalonatowym i katabolizmie cholesterolowym7-9. Zbadano również rolę wiroidów RNA w etiopatogenezie EMF, CCP, MNG i angiopatii śluzówkowej. Davies zaproponował koncepcję biosfery cieni organizmów z biochemią zmienną obecną w samej ziemi10. Opisano zależną od aktynowców biosferę cieni archaicznych i wiroidów w wyżej wymienionych stanach chorobowych7.

Grupa chorób jest postrzegana w szczególnych obszarach geograficznych na świecie w pobliżu równika - Indie Południowe, Ameryka Południowa, Afryka Południowa i Australia. [1-3] Te obszary geograficzne są bogate w złoża plazmy zawierające monazyt, illmenit, rutyl i tor. Obszary te, położone na półwyspie Indie, Afryka, Australia, Ameryka Południowa i Antarktyda, stanowiły część jednego prehistorycznego kontynentu na Oceanie Południowym i Oceanie Indyjskim, zwanego przez geologów Lemurią. Ewolucja ssaków naczelnych i homo sapiens nastąpiła w dolinie szczelinowej Afryki w części tego prehistorycznego kontynentu. Postuluje się, że aktynowce metali w piaskach plażowych odgrywają rolę w abiogenezie. Minerały aktynowców, takie jak rutyl, monazyt i illmenit przez metabolizm powierzchniowy przyczyniłyby się do abiogenezy. Przedstawiono hipotezę o cholesterolu jako pierwotnej prebiotycznej cząsteczce syntetyzowanej na powierzchniach aktynowców z wszystkimi innymi biomolekułami z niego wynikającymi oraz o samoreplikującym się organizmie lipidowym cholesterolu jako wstępnej formie życia. Organizm zależny od aktynowców przyczyniłby się do ewolucji naczelnych i człowieka. Możliwe jest również, że organizmy aktynowców przyczyniłyby się do zniszczenia superkontynentu lemuryjskiego. Niniejszy artykuł postuluje, że współistnienie EMF, CCP i MNG w wyżej wymienionych obszarach geograficznych wskazuje na możliwość połączenia tych mas lądowych w jedną masę lądową - Lemurię.

Postulowana lemurska część subkontynentu indyjskiego w Indiach Południowych jest zamieszkiwana przez dominującą społeczność Nair, która charakteryzuje się wysoką częstością występowania EMF, CCP i MNG. Dominująca wspólnota Nair ma również wysoką częstość występowania autyzmu. Neandertalskie cechy antropometryczne zostały opisane w autyzmie. Metabonomia neandertalska została również opisana w autyzmie. Te same cechy antropometryczne są widoczne w EMF, CCP i MNG. Możliwe, że homo neandertalczyk pochodziłby z superkontynentu, który zajmował południowy ocean. Wyspa Sumatra jest domem dla innego gatunku ludzkiego homo floresiensis, który żył razem z homo neanderthalis. Sugeruje to oceaniczne pochodzenie homo neanderthalis na superkontynencie, który zajmował południowy ocean. Powtarzające się tsunami wymusiłyby migrację homo neanderthalis do Eurazji, zwłaszcza do Harappy, Sumerii, Erytruzji, Egiptu i Kraju Basków. W populacji Basków występuje duża ilość genów neandertalczyków. Język używany w Harappie, Sumerii, Erytruzji, Egipcie i Kraju Basków miał podstratum Dravidowskie. Populacja na tych obszarach jest matrilinealna i dominuje w niej ludność żeńska. To sugerować z oceania hipoteza dla the początek homo neanderthalis.

Materiały i metody

Uzyskano świadomą zgodę uczestników i zgodę komisji etycznej na przeprowadzenie badania. Badaniami objęto następujące grupy: - zwłóknienie mięśnia sercowego, przewlekłe kalcynowe zapalenie trzustki, wole wieloguzkowe i angiopatia śluzówkowa. W każdej grupie znajdowało się 10 chorych, a każdy z nich posiadał dopasowaną do wieku i płci zdrową kontrolę wybraną losowo z populacji ogólnej. Próbki krwi pobierano w stanie postu przed rozpoczęciem leczenia. Zastosowano osocze z krwi heparynizowanej na czczo, a protokół doświadczalny był następujący: - (I) osocze+fosforan buforowany solą fizjologiczną, (II) taki sam jak substrat I+cholesterolowy, (III) taki sam jak II+rutyl 0,1 mg/ml, oraz (IV) taki sam jak II+profloksacyna i doksycyklina, każda w stężeniu 1 mg/ml. Podłoże cholesterolowe zostało przygotowane w sposób opisany przez Richmond11. Pozostałości wycofywano w czasie zerowym bezpośrednio po zmieszaniu i po inkubacji w temperaturze 37 ^{oC} przez 1 godzinę. Przeprowadzono następujące oznaczenia: - cytochrom F420, wolne RNA, wolne DNA, kwas muramowy, wielopierścieniowe węglowodory aromatyczne, nadtlenek wodoru, serotonina, pirogronian, amoniak, glutaminian, cytochrom C, heksokinaza, syntaza ATP, reduktaza HMG CoA, digoksyna i ureaza12-15. Cytoksymetrię F420 oceniano metodą mąskometryczną (długość fali wzbudzenia 420 nm i długość fali emisji 520 nm). Wielopierścieniowe węglowodory aromatyczne oceniano poprzez pomiar nadtlenku wodoru uwalnianego za pomocą odczynnika glukozowego. Analiza statystyczna została przeprowadzona przez ANOVA.

Cechy antropometryczne neandertalczyków oceniano w środowisku Nair oraz w EMF, CCP, MNG i autyzmie.

Wyniki

Sprawdzono następujące parametry: - cytochrom F420, wolne RNA, wolne DNA, kwas muramowy, wielopierścieniowe węglowodory aromatyczne, nadtlenek wodoru, serotonina, pirogronian, amoniak, glutaminian, cytochrom C, heksokinaza, syntaza ATP, reduktaza HMG CoA, digoksyna i ureaza. W osoczu osób z grupy kontrolnej stwierdzono podwyższony poziom wyżej wymienionych parametrów po inkubacji przez 1 godzinę i dodaniu substratu cholesterolowego, co spowodowało dalszy znaczący wzrost tych parametrów. Osocze chorych wykazywało podobne wyniki, ale stopień wzrostu był większy. Dodatek antybiotyków do osocza kontrolnego powodował spadek wszystkich parametrów, natomiast dodatek rutylu zwiększał ich poziom. Dodatek antybiotyków do osocza pacjenta spowodował spadek wszystkich parametrów, podczas gdy dodatek rutylu zwiększył ich poziom, ale zakres zmian był większy w osoczu pacjenta w porównaniu z grupą kontrolną. Wyniki są wyrażone w tabelach 1-7 jako procentowa zmiana parametrów po 1 godzinie inkubacji w porównaniu do wartości w czasie zerowym.

Gmina Nair miała wysokie wskaźniki antropometryczne neandertalczyków. Cechy antropometryczne neandertalczyków dominowały również w autyzmie, EMF, CCP i MNG.

Tabela 1. Wpływ rutylu i antybiotyków na kwas muramowy i serotoninę

Grupa	Kwas muramiczny % (Zwiększyć bez Doxy)		Kwas muramiczny % (Spadek z Doxy)		5 HT % (Zwiększyć bez Doxy)		5 HT % (Spadek z Doxy)	
	Mean	± SD	Mean	± SD	Mean	± SD	Mean	± SD
Normalny	4.41	0.15	18.63	0.12	4.34	0.15	18.24	0.37
Muc Angio	24.43	0.81	68.72	2.77	24.32	1.09	65.80	5.14
EMF	22.28	1.52	64.05	2.79	22.82	1.56	64.61	4.95
CCP	23.07	1.46	64.68	3.86	22.89	1.50	64.19	6.51
MNG	23.85	1.69	66.43	3.17	22.72	1.64	63.91	4.93
Wartość F	403.394		680.284		348.867		364.999	
Wartość P	< 0.001		< 0.001		< 0.001		< 0.001	

Tabela 2. Wpływ rutylu i antybiotyków na wolne DNA i RNA

Grupa	DNA % zmiana (Zwiększyć za pomocą Rutylu)		DNA % zmiana (Spadek z Doxy)		RNA % zmiana (Zwiększyć za pomocą Rutylu)		RNA % zmiana (Spadek z Doxy)	
	Mean	± SD	Mean	± SD	Mean	± SD	Mean	± SD
Normalny	4.37	0.15	18.39	0.38	4.37	0.13	18.38	0.48
Muc Angio	22.27	1.49	63.99	4.03	22.27	1.49	69.25	2.33
EMF	22.29	2.05	58.70	7.34	22.29	2.05	67.03	5.97
CCP	21.19	2.18	61.63	7.68	21.19	2.18	62.99	5.47
MNG	22.93	2.08	63.49	5.01	23.19	1.74	65.68	4.06
Wartość F	337.577		356.621		427.828		654.453	
Wartość P	< 0.001		< 0.001		< 0.001		< 0.001	

Tabela 3. Wpływ rutylu i antybiotyków na reduktazę HMG CoA i PAH

Grupa	HMG CoA R zmiana % (Zwiększyć za pomocą Rutylu)		HMG CoA R zmiana % (Spadek z Doxy)		WWA % zmiana (Zwiększyć za pomocą Rutylu)		WWA % zmiana (Spadek z Doxy)	
	Mean	± SD	Mean	± SD	Mean	± SD	Mean	± SD
Normalny	4.30	0.20	18.35	0.35	4.45	0.14	18.25	0.72
Muc Angio	24.44	0.90	59.90	4.74	23.90	1.36	63.29	6.86
EMF	22.92	1.48	61.91	7.56	23.73	1.38	65.20	6.20
CCP	23.27	1.96	63.09	9.21	22.85	1.71	66.14	3.58
MNG	23.65	1.88	64.78	6.62	23.79	1.19	64.24	3.96
Wartość F	319.332		199.553		391.318		257.996	
Wartość P	< 0.001		< 0.001		< 0.001		< 0.001	

Tabela 4. Wpływ rutylu i antybiotyków na digoksynę i ureazę

Grupa	Digoksyna (ng/ml) (Zwiększyć za pomocą Rutylu)		Digoksyna (ng/ml) (Zmniejszyć za pomocą Doxy+Cipro)		Ureaza % zmiana (Zwiększyć za pomocą Rutylu)		Ureaza % zmiana (Spadek z Doxy)	
	Mean	± SD	Mean	± SD	Mean	± SD	Mean	± SD
Normalny	0.11	0.00	0.054	0.003	4.29	0.18	18.15	0.58
Muc Angio	0.53	0.03	0.224	0.041	23.37	1.55	63.99	4.03
EMF	0.51	0.05	0.213	0.033	23.41	1.41	58.70	7.34
CCP	0.47	0.05	0.212	0.028	22.44	2.00	61.63	7.68
MNG	0.51	0.06	0.227	0.040	22.15	1.79	65.49	7.28
Wartość F	135.116		71.706		290.441		203.651	
Wartość P	< 0.001		< 0.001		< 0.001		< 0.001	

Tabela 5. Wpływ rutylu i antybiotyków na pyruwat i heksokinazę

Grupa	Pirwat % zmiana (Zwiększyć za pomocą Rutylu)		Pirwat % zmiana (Spadek z Doxy)		Heksokinaza zmiana % (Zwiększyć za pomocą Rutylu)		Heksokinaza zmiana % (Spadek z Doxy)	
	Mean	± SD	Mean	± SD	Mean	± SD	Mean	± SD
Normalny	4.34	0.21	18.43	0.82	4.21	0.16	18.56	0.76
Muc Angio	22.27	1.49	61.94	5.49	23.67	1.65	69.25	2.33
EMF	22.29	2.05	62.37	5.05	21.66	1.94	67.03	5.97
CCP	21.19	2.18	54.82	8.70	22.27	2.18	62.99	5.47
MNG	19.73	2.27	59.36	7.53	22.51	2.32	62.70	3.24
Wartość F	321.255		115.242		292.065		317.966	
Wartość P	< 0.001		< 0.001		< 0.001		< 0.001	

Tabela 6. Wpływ rutylu i antybiotyków na nadtlenek wodoru oraz kwas delta amino lewulinowy

Grupa	H2O2 % (Zwiększyć za pomocą Rutylu)		H2O2 % (Spadek z Doxy)		ALA % (Zwiększyć za pomocą Rutylu)		ALA % (Spadek z Doxy)	
	Mean	± SD	Mean	± SD	Mean	± SD	Mean	± SD
Normalny	4.43	0.19	18.13	0.63	4.40	0.10	18.48	0.39
Muc Angio	23.64	1.50	60.44	6.83	22.27	1.49	59.90	4.74
EMF	23.29	1.67	60.52	5.38	22.29	2.05	61.91	7.56
CCP	23.38	1.79	57.37	7.45	21.19	2.18	63.09	9.21
MNG	22.00	1.77	61.39	7.47	22.71	1.82	66.13	3.83
Wartość F	380.721		171.228		372.716		556.411	
Wartość P	< 0.001		< 0.001		< 0.001		< 0.001	

Tabela 7. Wpływ rutylu i antybiotyków na syntazę ATP i cytochrom F 420

Grupa	Syntaza ATP % (Zwiększyć za pomocą Rutylu)		Syntaza ATP % (Spadek z Doxy)		CYT F420 % (Zwiększyć za pomocą Rutylu)		CYT F420 % (Spadek z Doxy)	
	Mean	**+ SD**	**Mean**	**+ SD**	**Mean**	**+ SD**	**Mean**	**+ SD**
Normalny	4.40	0.11	18.78	0.11	4.48	0.15	18.24	0.66
Muc Angio	23.45	1.52	67.05	4.84	23.72	1.76	58.92	5.46
EMF	23.37	1.31	63.97	3.62	22.70	1.87	60.46	8.06
CCP	22.53	1.92	66.31	3.10	21.31	1.37	57.32	8.41
MNG	23.39	1.14	68.11	3.02	22.17	2.01	65.15	6.46
Wartość F	449.503		673.081		306.749		130.054	
Wartość P	< 0.001		< 0.001		< 0.001		< 0.001	

Skróty

Muc Angio: angiopatia śluzówkowa
EMF: Zwłóknienie śródmięśniowo-sercowe
CCP: Przewlekłe kalcyficzne zapalenie trzustki
MNG: Wole multimodułowe

Tabela 8. Występowanie autyzmu w populacji Nair, autystycznej i nienairskiej

Grupy	Autyzm	Procent
Nair	68 przypadków	68
Inne niż Nair	32 przypadki	32
Razem	100	

Tabela 9. Cechy antropometryczne w populacji Nair, autystycznej i nienairskiej

Grupy	Antropometria neandertalska	Sprawy ogółem	Procent
Nair	72 przypadki	100	72
Inne niż Nair	21 przypadków	100	21
Autyzm	81 przypadków	100	81

Tabela 10. Cechy antropometryczne w EMF, CCP i MNG

Grupy	Antropometria neandertalska	Sprawy ogółem	Procent
EMF	8 przypadków	10	80
CCP	6 przypadków	10	60
MNG	7 przypadków	10	70

Tabela 11. Częstotliwość występowania EMF, CCP i MNG w ujęciu wspólnotowym

Grupy	Przypadki	Procent
EMF	8/10 przypadków	80
CCP	7/10 przypadków	70
MNG	9/10 przypadków	90

(populacja Nair stanowi 7% populacji Kerali)

Dyskusja

Neandertalskie cechy antropometryczne obserwowano w autyzmie, EMF, CCP i MNG, które występowały częściej w społeczności Nairu zdominowanej przez część subkontynentu indyjskiego pochodzącego z Lemurii. Sugeruje to superkontynentalne pochodzenie homo neandertalczyków z Lemurii. Homo neanderthalis dzielił superkontynent lemurski z innym gatunkiem ludzkim zwanym homo floresiensis. Homo floresiensis został wykryty na wyspie Sumatra w Indonezji. Społeczność Nair dominuje na wybrzeżu Kerala w południowych Indiach. Społeczność Nair jest matrilineal i Dravidian. Istnieją inne cywilizacje mówiące językiem Dravidian ważnym w ewolucji człowieka, takie jak Harappa, Sumeria, Etruzja, Egipt i kraj Basków. Te cywilizacje mogą mieć neandertalskie podłoże. Wyemigrowałyby one do euroazjatyckiej masy lądowej z superkontynentu lemuryjskiego, gdy został on zniszczony przez tsunami na Oceanie Indyjskim. Tsunami rozwinęliby się z powodu zarastania archeologicznego południowego oceanu podczas epoki lodowcowej. Archaeowie są ekstremistami. Archeologiczne zarastanie dna Oceanu Indyjskiego w czasie epoki lodowcowej spowodowałoby uwolnienie metanu. Spowodowałoby to ruch skorupy ziemskiej, trzęsienia ziemi i tsunami. Ten sam endosymbiotyczny wzrost archeologiczny doprowadziłby do ewolucji homo neandertalczyków. Metabolizm endosymbiotyczny u ssaków naczelnych doprowadziłby do powstania gatunku homo neanderthalis. Homo neanderthalis przyczynił się do rozwoju cywilizacji Harappy, Sumerii, Etrusków, Egiptu, Basków i Celtów. Wszystkie one były matrilineal z równością płci. Mieli symboliczny język w przeważającej mierze bezgłosowy. Muzyka, taniec i malarstwo jako forma komunikacji były dominujące w tych społeczeństwach. Przykładem tego jest język harappański, w którym dominowały foki harappańskie i egipskie hieroglify. Pojęcie duchowości ewoluowało w tych społeczeństwach, w tym kult matki bogini.

Stwierdzono wzrost stężenia cytochromu F420, co wskazuje na wzrost artefaktów zwłóknienia mięśnia sercowego, przewlekłe kalcyficzne zapalenie trzustki, wole wieloguzkowe i angiopatię śluzówkową. Archaea mogą syntezować i wykorzystywać cholesterol jako źródło węgla i energii16[,17]. Archeologiczne pochodzenie aktywności enzymu zostało wskazane przez antybiotykową supresję. Badanie wskazuje na obecność w układzie archaiki opartej na aktynowcach z alternatywnymi enzymami opartymi na aktynowcach lub metalloenzymach, na co wskazuje wzrost aktywności enzymu wywołany rutylem18. Stwierdzono również wzrost aktywności reduktazy HMG CoA, co wskazuje na zwiększoną syntezę cholesterolu na drodze mewalonianu. Zwiększono aktywność archeologicznej dehydrogenazy beta-hydroksylosteroidowej wskazującej na syntezę digoksyny oraz aktywność archeologicznej hydroksylazy cholesterolowej wskazującej na syntezę kwasu żółciowego8. Aktywność oksydazy cholesterolowej została zwiększona, co doprowadziło do wytworzenia pirogronianu i nadtlenku wodoru17. Pirogronian przekształcany jest w glutaminian i amoniak za pomocą szlaku bocznicowego GABA. Wykryto również archeologiczną aromatyzację cholesterolu generującego WWA, serotoninę i dopaminę19. Zwiększono aktywność glikolitycznej heksokinazy i zewnątrzkomórkowej syntazy ATP. Stwierdzono wzrost aktywności wolnych RNA wskazujących na samoreplikację wiroidów RNA i wolnego DNA wskazującego na generację wiroidowych nici DNA komplementarnych przez aktywność archeologicznej odwrotnej transkryptazy. Aktynowce modulują składanie RNA i katalizują jego rybozymalne działanie. Digoksyna może przecinać i wklejać nitki wiroidalne poprzez modulację splotu RNA generując różnorodność wiroidalną RNA. Wiroidy są ewolucyjnie wymykającymi się z archaicznej grupy I intronami, które mają właściwości retrotranspozycyjne i samosplinujące20. Pirogronian arktyczny może wytwarzać inhibicję deacetylazy histonowej, co prowadzi do odwrotnej transkryptazy endogennej (HERV) i ekspresji integracyjnej. Może to integrować wiroidalne uzupełniające DNA RNA do niekodującego regionu eukariotycznego niekodującego DNA przy użyciu HERV integrase, jak opisano dla wirusów borna i ebola21. Wydłużenie niekodującego DNA następuje poprzez zintegrowanie wiroidalnego DNA uzupełniającego RNA z integracją przebiegającą w sposób ciągły. Genom archaea może również zostać zintegrowany z ludzkim genomem za pomocą integrase, jak opisano dla trypanosomów22. Zintegrowane wiroidy i archaiki mogą przechodzić transmisję pionową i mogą istnieć jako pasożyty genomowe21[,22]. Zwiększa to długość i zmienia gramatykę niekodującego regionu, wytwarzając memy lub pamięć nabytych postaci23. Uzupełniające DNA wiroidalne może funkcjonować jako przeskakujące geny produkujące dynamiczny genom i zmieniające sekwencje DNA. Wiroidy

RNA mogą regulować funkcję mRNA poprzez interferencję RNA20. Zjawisko interferencji RNA może modulować ekspresję euchromatyny/heterochromatyny. Ingerencja RNA w wiroidalne mRNA odgrywa rolę w patogenezie włóknienia śródmięśniowego serca, przewlekłego kalcynogennego zapalenia trzustki, wole wieloguzkowego i angiopatii śluzówkowej. Modulacja wiroidalnego RNA funkcji komórek T i B przez interferencję mRNA może prowadzić do aktywacji immunologicznej. Naciek monocytowy ściany naczyniowej, serca i tkanki endokrynnej może powodować reaktywne osadzanie się makromolekularne tkanki łącznej przyczyniając się do EMF, CCP, MNG i angiopatii śluzówkowej. Ingerencja wiroidalnego RNA za pośrednictwem mRNA może również hamować sygnalizację insuliny i wydzielanie prowadzące do CCP. RNA wiroidowe może hamować wydzielanie hormonu tarczycy i działanie mRNA pod wpływem interferencji, prowadząc do zwiększenia wydzielania TSH i wole wieloguzkowym.

Obecność kwasu muramowego, reduktazy HMG CoA i aktywności oksydazy cholesterolowej zahamowanej przez antybiotyki wskazuje na obecność bakterii o szlaku mewalonatowym. Bakterie o szlaku mewalonianowym to paciorkowce, gronkowce, aktynomiocyty, listeria, koksiella i borrelia24. Bakterie i archaiki o szlaku mewalonatowym i katabolizmie cholesterolowym miały ewolucyjną przewagę i stanowią organizm o kladowej budowie izoprenoidalnej, a archaiki ewoluują w mewalonatowy szlak gram-dodatni i gram-ujemny poprzez horyzontalny transfer genów wiroidalnych i wirusowych25. Izoprenoidalne kladowe prokarioty rozwijają się w inne grupy prokariotów poprzez horyzontalny transfer genów wiroidalnych i wirusowych oraz eukariotyczny horyzontalny transfer genów produkujących specjację bakteryjną26. Wiroidy RNA i ich DNA uzupełniające rozwinęły się w cholesterol otoczony RNA i wirusy DNA, takie jak opryszczka, retrowirus, wirus grypy, wirus borny, wirus cytomegalo i wirus ebsteina barra poprzez rekombinację z genami eukariotycznymi i ludzkimi, co doprowadziło do specjacji wirusowej. Gatunki bakteryjne i wirusowe są słabo zdefiniowane i rozmyte, a wszystkie tworzą jedną wspólną pulę genetyczną z częstym horyzontalnym transferem i rekombinacją genów. Tak więc wielokomórkowy i jednokomórkowy eukarionot z jego genami służy do specjacji prokariotycznej i wirusowej. Eukarionot wielokomórkowy rozwinął się w taki sposób, że ich endosymbiotyczne kolonie archeologiczne mogły lepiej przetrwać i żerować. Eukarionty wielokomórkowe są jak biofilmy bakteryjne. Archaiki i bakterie o szlaku mewalonatowym wykorzystują pozakomórkowe wiroidy RNA i wiroidy DNA do wykrywania kworum i w tworzeniu symbiotycznych struktur biofilmu, które rozwijają się w wielokomórkowe eukarionty[27,28]. Endosymbiotyczne archaiki i bakterie o ścieżce mewalonianu nadal wykorzystują wiroidy RNA i wiroidy DNA do regulacji wielokomórkowego eukariontu. Zanieczyszczenie jest wywoływane przez prymitywne nanoarchaea i mewalonianowe bakterie szlaku syntetyzowanego WWA i metanu prowadzące do stresu redoks. Stres redoksowy prowadzi do hamowania ATPazy potasowo-sodowej, wewnętrznego ruchu cholesterolu błony komórkowej, wadliwego wykrywania SREBP, zwiększonej syntezy cholesterolu i wzrostu bakterii szlaku nanoarchaealno-mewalonianowego29. Stres związany z redoksem prowadzi do namnażania się wiroidów i archaicznych. Stres redoksowy może również prowadzić do odwrotnej transkryptazy HERV i integracyjnej ekspresji. Niekodujące DNA jest tworzone z połączenia RNA wiroidalnego DNA uzupełniającego i archaicznego z integracją przebiegającą jako wydarzenie ciągłe. Zmiana długości i gramatyki niekodującego regionu powoduje specjację eukariotyczną i indywidualność30. W ten sposób aktynoidalne nanoarchaea przyczyniłyby się do ewolucji wielokomórkowego eukariota, naczelnych i ludzi. Zmiany w długości niekodującego regionu, szczególnie ze względu na integrację wiroidowego DNA uzupełniającego i archaicznego oraz wynikających z tego skokowych genów, prowadzą do powstania nowych sekwencji DNA, które mogą przyczyniać się do powstawania EMF, CCP, MNG i angiopatii śluzówkowej31. Zintegrowane sekwencje bakterii z dróg wiroidowych, archaicznych i mewalonianowych mogą być przenoszone pionowo i mogą występować jako pasożyty genomowe. Genomowe zintegrowane archaiki, bakterie szlaku mewalonianu i wiroidy tworzą genomową rezerwę bakterii i wirusów, które mogą rekombinować się z ludzkimi i eukariotycznymi genami tworząc specjację bakteryjną i wirusową. Bakterie archaiczne i mewalonatowe mogą prowadzić do EMF, CCP, MNG i angiopatii śluzówkowej. Trwała symbioza prowadzi do reparacyjnego, wielkocząsteczkowego odkładania się w tkance łącznej kwaśnych mukopolisacharydów, glikoprotein, kolagenu i elastyny, co prowadzi do zmian włóknistych w sercu, ścianie naczynia, tarczycy i trzustce, przyczyniając się do powstania EMF, CCP, MNG i angiopatii śluzówkowej[4,32]. Integracja nanoarchaei, mewalonianów, prokariotów i wiroidów w genomie eukariotycznym i ludzkim wytwarza chimerę, która może namnażać się, tworząc biofilm, jak wielokomórkowe struktury o mieszanych cechach archeologicznych, wiroidalnych, prokariotycznych i eukariotycznych, który jest regresją od wielokomórkowej tkanki eukariotycznej. Powoduje to powstanie nowego fenotypu metabolicznego i immunologicznego lub mikrochimery prowadzące do chorób ludzkich, takich jak EMF, CCP, MNG i angiopatia śluzówkowa z predyspozycją do rozwoju nowotworów. Mikrochimery mogą prowadzić do poliploidalności komórkowej ważnej w transformacji złośliwej i indukcji raka tarczycy i trzustki. Wzrost artefaktów w tkankach naczyniowych, sercowych i hormonalnych może prowadzić do zwapnień. Archaiki mogą tworzyć zwapniałe struktury nanoarchaealne, które mogą istnieć jako kolonie w śluzie. Archaiki mogą podlegać mineralizacji magnetytu i węglanu wapnia i mogą istnieć jako zwapnione nanoformy33. Zwapnione nanoarchaje mogą przyczyniać się do zwapnienia tkanek odnotowanego w CCP, MNG i angiopatii śluzówkowej.

Wiroidy Archaea i RNA mogą wiązać receptor TLR indukujący NFKB wytwarzając aktywację immunologiczną i cytokinową TNF alfa wydzielanie. Archaeal DXP i metabolity szlaku mewalonianu mogą wiązać γδTCR i digoksyna indukowany sygnał wapniowy może aktywować NFKB produkując chroniczną aktywację immunologiczną4,[34]. Archaea i wiroidy mogą indukować chroniczną aktywację immunologiczną oraz wytwarzanie superantygenów. Przewlekła aktywacja immunologiczna wywołana przez archaiki i wiroidy może prowadzić do naciekania monocytów przez ścianę naczynia, serce i tkanki endokrynologiczne, prowadząc do reparacyjnego osadzania się makromolekularnego tkanki łącznej. Aktywacja immunologiczna prowadzi do indukcji oksydazy NADPH, która wytwarza nadtlenek wodoru. Aktywność oksydazy cholesterolowej również generuje nadtlenek wodoru. Nadtlenek wodoru może powodować uszkodzenia tkanek w MNG, CCP, EMF i angiopatii śluzówkowej, przyczyniając się do naprawczego osadzania się makromolekularnego tkanki łącznej. Aktywacja immunologiczna może również wytwarzać insulinooporność. TNF alfa wytwarzany w wyniku przewlekłej aktywacji immunologicznej może modulować receptor insulinowy wytwarzając insulinooporność35. Przewlekła aktywacja immunologiczna i oksydaza cholesterolowa generowana przez nadtlenek wodoru może indukować neutralną sfiningomielinazę generującą ceramid produkujący insulinooporność36. Może to przyczyniać się do przewlekłego kalcyficznego zapalenia trzustki. Aktywacja immunologiczna i indukcja NFKB mogą hamować receptor hormonu tarczycy, powodując niedoczynność tarczycy i wzrost poziomu TSH, przyczyniając się do powiększenia tarczycy i wole wieloguzkowym. Aktywacja immunologiczna i indukcja NFKB mogą hamować receptory jądrowe LXR, PXR i FXR. Tłumienie FXR może również prowadzić do oporności na insulinę, a także zwiększonego odkładania się MPS w ścianie naczynia, tkance serca i tkance endokrynologicznej. Tłumienie LXR przez NFKB stymuluje aktywność reduktazy HMG CoA i hamuje aktywność cholesterolu 7 alfa hydroksylazy37. Stymuluje to syntezę cholesterolu i hamuje jego degradację na drodze kwasu żółciowego. Tłumienie PXR przez NFKB zapobiega detoksykacji cholesterolu drogą bocznikową kwasów żółciowych38. W ten sposób LXR i PXR produkowane przez NFKB wytwarzają ostrą toksyczność cholesterolową. Podwyższony poziom cholesterolu w układzie prowadzi do dalszego archeologicznego namnażania i wzrostu, ponieważ są one uzależnione od cholesterolu jako źródła węgla i energii.

Archaea, wiroidy i digoksyna mogą indukować gospodarza AKT PI3K, AMPK, HIF alpha i NFKB wytwarzając fenotyp metaboliczny Warburga39. Zwiększona aktywność heksokinazy glikolowej, spadek ATP we krwi, wyciek cytochromu C, wzrost pirogronianu surowicy i spadek acetylo CoA wskazuje na wytwarzanie fenotypu Warburga. Następuje indukcja glikolizy, hamowanie aktywności PDH i dysfunkcja mitochondriów, co prowadzi do niewydolności energetycznej. Dysfunkcja mitochondriów dzięki fenotypowi Warburga może przyczyniać się do nieefektywnego wykorzystania glukozy i CCP. Nagromadzony pirogronian wchodzi w drogę bocznikową GABA i jest przekształcany w cytrynian, który jest aktywowany przez lizę cytrynianową i przekształcany w acetyl CoA, wykorzystywany do syntezy cholesterolu39. Podwyższony poziom cholesterolu w podłożu prowadzi również do zwiększonego wzrostu archeologicznego i syntezy digoksyny w wyniku przemiany metabolicznej w szlak mewalonianowy. Fenotyp Warburga prowadzi do zwiększonej syntezy lipidów i wadliwego utleniania beta kwasów tłuszczowych. Mięsień sercowy jest uzależniony od utleniania kwasów tłuszczowych beta dla energetyki. Wadliwe utlenianie beta kwasów tłuszczowych prowadzi do dysfunkcji mięśnia sercowego i EMF. Fenotyp Warburga prowadzi do uporczywej glikolizy i zwiększenia ilości metabolitu fruktozy 1,6-difosforanu, który jest kierowany do szlaku fosforanu pentozy. W ten sposób mogą powstawać cukry UDP wykorzystywane do syntezy mukopolisacharydów. Powoduje to kwaśne osadzanie się MPS w tkankach prowadzących do EMF, CCP, MNG i angiopatii śluzówkowej. Pirogronian może być przekształcony w glutaminian i amoniak, który jest utleniany przez archaiki dla potrzeb energetycznych. Amoniak może stymulować błonową ATPazę potasowo-sodową, zwiększać wykorzystanie ATP i produkować mitochondrialne zmiany potencjału transmembranowego prowadzące do dysfunkcji mitochondriów. Powoduje to wadliwe wykorzystanie glukozy, przyczyniając się do CCP. Archealna ureaza może przekształcać mocznik w amoniak i tiocyjanian. Zwiększenie ładunku cyjanków w układzie może prowadzić do dysfunkcji mitochondriów3. Dysfunkcja mitochondriów związana z cyjankami może prowadzić do wytwarzania EMF, CCP i MNG. Wytwarzają one wadliwą funkcję serca, zmniejszają wykorzystanie glukozy i upośledzają transport jodków do komórek pęcherzykowych tarczycy. Fenotyp Warburga może również prowadzić do transformacji złośliwej. Podwyższona glikoliza powoduje wzrost heksokinazy porów mitochondrialnych PT i proliferację komórek, co prowadzi do rozwoju raka tarczycy i trzustki.

Digoksyna może wytwarzać inhibicję ATPazy potasowo-sodowej i ruch do wewnątrz cholesterolu błony plazmowej. Powoduje to wadliwe wyczucie SREBP, zwiększoną aktywność reduktazy HMG CoA i syntezę cholesterolu29. Digoksyna indukowana ruchami wewnętrznymi cholesterolu błonowego może zmieniać stosunek cholesterolu błonowego do sromotnikowego, tworząc zmodyfikowane mikrodomeny lipidowe40. Indukowana digoksyną modulacja mikrodomeny lipidowej może regulować adrenalinę, noradrenalinę, receptory glukagonowe i neuropeptydowe pary GPCR, a także białkowy receptor insulinowy związany z kinazą tyrozynową. Może to prowadzić do CCP. Inhibicja ATPazy potasowo-sodowej z udziałem digoksyny może modulować funkcję lipidowych mikrodomenów błony jądrowej i receptora DNA tyroksyny. To może prowadzić na niedoczynność tarczycy, zwiększony poziom TSH i powiększenie tarczycy przyczyniając się do MNG. Digoksyna może powodować wewnątrzkomórkową hiperkalcemię i hipomagnezemię. Może to prowadzić do skurczu naczyń krwionośnych i zakrzepicy. Hiperkalcemia wewnątrzkomórkowa może aktywować receptor trombinowy sprzężony z białkiem G i receptor PAF produkujący zakrzepicę. Wewnątrzkomórkowy niedobór magnezu może prowadzić do zwiększenia agregacji płytek krwi wywołanej przez trombinę i ADP/kolagen. Prowadzi to do stanu zakrzepowego w angiopatii śluzówkowej. Zmniejszenie wewnątrzkomórkowego magnezu może powodować hamowanie syntazy ATP i zwiększenie wewnątrzkomórkowego wapnia może powodować dysfunkcję mitochondrialnego PT porów. Dysfunkcja mitochondriów może przyczynić się do zmniejszenia wykorzystania glukozy w CCP i mięśnia sercowego w EMF. Digoksyna może produkować hamowanie ATPazy potasowej sodu i wewnątrzkomórkowej hipomagnezemii. Zwiększone obciążenie rutylem tkanek może prowadzić do wymiany rutylo-magnezowej prowadzącej do wewnątrzkomórkowej hipomagnezemii. Hipomagnezemia może prowadzić do upregowanej syntezy makrocząsteczek tkanki łącznej przyczyniając się do MNG, CCP, EMF i angiopatii śluzówkowej. Kwaśne osadzanie się MPS w ścianie naczynia prowadzi do zwężenia całego drzewa naczyniowego, co prowadzi do angiopatii śluzówkowej. Kwaśne osadzanie MPS, kolagenu i elastyny w sercu prowadzi do EMF. Hiperdigoksinemia jest ważna w patogenezie EMF, CCP, MNG i angiopatii śluzówkowej. Indukowane digoksyną inhibicje ATPazy potasowo-sodowej powodują efekt oszczędnego działania ATP41. Osiemdziesiąt procent wytworzonego ATP jest wykorzystywane do uruchamiania pompy sodowo-potasowej

ATPazy. Inhibicja digoksyny przez ATPazę potasowo-sodową oszczędza ten ATP, który jest następnie wykorzystywany do syntezy lipidów i cholesterolu. Tłuszcz napędza również odporność na insulinę, wiążąc się z receptorem poboru opłat i wytwarzając aktywację immunologiczną oraz naciek immunologiczny tkanki tłuszczowej. Digoksyna może również zwiększać limfocytowy wewnątrzkomórkowy wapń, co prowadzi do indukcji NFKB i aktywacji immunologicznej4. Archeologiczny katabolizm cholesterolu może zubożyć limfocytarne błony komórkowe cholesterolu, co prowadzi do zmian w mikrodomenach błony limfocytarnej związanych z receptorami wytwarzającymi aktywację immunologiczną, naciek monocytowy i reparacyjne osadzanie makrocząsteczkowe tkanki łącznej.

NMDA może być aktywowany przez drgania wapnia wywołane digoksyną, zakłócenia RNA wywołane przez PAH i wiroidy4. Oksydaza pierścieniowa generowana przez pirogronian cholesterolu może być przekształcona przez ścieżkę bocznikową GABA w glutaminian. Transmisja glutamatergiczna może prowadzić do aktywacji immunologicznej. Aktywacja immunologiczna może prowadzić do reparacyjnego osadzania się makrocząsteczek tkanki łącznej w EMF, CCP, MNG i angiopatii śluzówkowej. Aromataza cholesterolowa wytwarzana przez serotoninę jest dobrze znana z produkcji makrocząsteczek tkanki łącznej, zwłaszcza z odkładania się kolagenu, który powoduje zmiany włókniste w EMF, angiopatii śluzówkowej, MNG i CCP. Aromataza cholesterolowa może generować PAH19. WWA może również prowadzić do oporności na insulinę i CCP. WWA mogą również hamować funkcję receptora hormonu tarczycy, przyczyniając się do niedoczynności tarczycy, wzrostu TSH, powiększenia tarczycy i MNG. Zanieczyszczenie pyłami jest związane z zakrzepicą naczyniową i może prowadzić do angiopatii śluzówkowej. Cząsteczki WWA są również znane jako powodujące dysfunkcję mięśnia sercowego. Tak więc aktynowce, wiroidy i mewalonianowe bakterie szlaku wywołane metaboliczne, genetyczne, immunologiczne i neuronalne zmiany transmisji mogą prowadzić do endemicznego EMF, CCP, MNG i angiopatii śluzówkowej. Termin archaea i mukopolisacharydozy endemiczne układu krążenia i endokrynologiczne indukowane przez wiroidy może być stosowany do opisu tej jednostki.

Aktynowce metali dostarczają energii radiolitycznej, katalizują tworzenie oligomerów i dostarczają jonów koordynujących dla metalloenzymów, które są ważne w abiogenezie6. Metabolizm powierzchniowy aktynowców metalicznych generuje octan, który może zostać przekształcony w acetyl CoA, a następnie w cholesterol, który funkcjonuje jako pierwotna cząsteczka prebiotyku, organizując się w samoreplikujące się układy nadcząsteczkowe, czyli organizm lipidowy42. Cholesterol w wyniku radiolizy przez aktynowce tworzyłby WWA wytwarzające WWA organizm aromatyczny8. Radioliza cholesterolu generowałaby pirogronian, który przekształcałby się w aminokwasy, cukry, nukleotydy, porfiryny, kwasy tłuszczowe i kwasy TCA. Powierzchnie anastazowe i rutylowe mogą wytwarzać polimeryzację aminokwasów, pozostałości izoprenylu, WWA i nukleotydów, aby wygenerować początkowy organizm lipidowy, organizm WWA, priony i wiroidy RNA, które byłyby symbiontowane w celu wygenerowania archeologicznej protocelki. Archaiki wyewoluowały w bakterie gram-ujemne i gram-dodatnie o szlaku mewalonatowym, który miał przewagę ewolucyjną, a symbioza archaiki z organizmem gram-ujemną generowała komórkę eukariotyczną43. Dane te potwierdzają utrzymywanie się aktynowców i cholesterolu w biosferze cieni, która rzuca światło na aktynowców i cholesterolu jako pierwszej cząsteczce prebiotycznej. Obecność złóż plazmy i piasków mineralnych zawierających monazyt, illmenit, rutyl i tor w superkontynencie lemuriańskim uczyniłaby go idealnym miejscem do rozwoju komórek prymitywnych, nanoarchaea, eukariontu, eukariontu wielokomórkowego, naczelnych i ludzi. Badania antropologiczne dostarczyły dowodów na ewolucję ssaków naczelnych i homosapiens w dolinie szczelinowej Kenii w prehistorycznej części kontynentu lemuryjskiego.

Archaea mogą syntezować magnetyt poprzez biomineralizację. Archaiczny katabolizm cholesterolu może generować PAH. Archaiki mogą istnieć jako nanoarchaea i mogą mieć zwapnione formy nano. Aktynoidalne nanoarchaea magnetotaktyczne i ich wydzielane organizmy WWA są ekstremofilami i żyją w przestrzeni międzygwiezdnej oraz mogą przyczyniać się do powstawania ziaren międzygwiezdnych i pól magnetycznych, które odgrywają rolę w tworzeniu galaktyk i układów gwiezdnych44. Ziarna pyłu kosmicznego zajmują przestrzeń międzygalaktyczną i uważa się, że są utworzone z bakterii magnetotaktycznych zidentyfikowanych na podstawie ich sygnatur spektralnych. Zgodnie z hipotezą Hoyle'a, bakterie magnetotaktyczne pyłu kosmicznego odgrywają rolę w powstawaniu międzygalaktycznego pola magnetycznego. Pole magnetyczne o sile równej około jednej milionowej części pola magnetycznego Ziemi istnieje w dużej części naszej galaktyki. Pliki magnetyczne mogą być wykorzystywane do śledzenia spiralnych ramion galaktyki według wzoru linii pola łączących młode gwiazdy i pył, w których w szybkim tempie powstają nowe gwiazdy. Badania wykazały, że ułamek cząstek pyłu ma wydłużony kształt podobny do pałeczek i są one systematycznie układane w naszej galaktyce. Ponadto kierunek wyrównania jest taki, że długie osie pyłu mają tendencję do znajdowania się pod kątem prostym do kierunku galaktycznego pola magnetycznego w każdym punkcie. Bakterie magnetostatyczne mają tę właściwość, że wpływają na obserwowany stopień wyrównania. Fakt, że bakterie magnetotaktyczne wydają się być połączone z liniami pola magnetycznego, które przechodzą przez spiralne ramiona galaktyki łączące jeden region powstawania gwiazdy z innym, wspiera ich rolę w formowaniu gwiazd oraz w rozkładzie i rotacji masy gwiazd. Zapotrzebowanie na substancje odżywcze dla populacji bakterii międzygwiezdnych pochodzi z masy wypływającej z supernowych zamieszkujących galaktykę. Giganty powstające w procesie ewolucji takich gwiazd doświadczają zjawiska, w którym materiał zawierający azot, tlenek węgla, wodór, hel, wodę i pierwiastki śladowe niezbędne do życia stale wypływa w przestrzeń kosmiczną. Bakterie międzygwiezdne potrzebują płynnej wody. Woda istnieje tylko jako para lub ciało stałe w przestrzeni międzygwiezdnej i tylko poprzez tworzenie się gwiazd prowadzących do powiązanych z nimi planet i ciał kometarnych można uzyskać dostęp do ciekłej wody. Kontrola warunków prowadzących do powstawania gwiazd ma ogromne znaczenie w biologii kosmicznej. Szybkość tworzenia się gwiazd jest kontrolowana przez dwa czynniki. Zbyt wysokie tempo tworzenia się gwiazd powoduje destrukcyjne działanie promieniowania UV i niszczy biologię kosmiczną. Tworzenie się gwiazd, jak już wcześniej wspomniano, wytwarza wodę niezbędną do rozwoju bakterii. Biologia kosmiczna bakterii magnetotaktycznych i tworzenie się gwiazd są zatem ściśle powiązane. Systemy takie jak systemy słoneczne nie powstają w wyniku przypadkowej kondensacji plam gazu międzygwiezdnego. Tylko poprzez rygorystyczną kontrolę rotacji różnych części systemu, galaktyki i układ słoneczny mogłyby ewoluować. Klucz do utrzymania kontroli nad rotacją wydaje się leżeć w międzygalaktycznym polu magnetycznym, jak w rzeczywistości całe zjawisko powstawania gwiazd. Międzygalaktyczne pole magnetyczne zawdzięcza swoje pochodzenie okładzinom bakterii magnetotaktycznych, a kosmiczna biologia bakterii międzygwiezdnych może prosperować tylko dzięki utrzymaniu silnej kontroli nad międzygwiezdnym polem magnetycznym, a tym samym nad tempem formowania się gwiazd i rodzajem wytwarzanego układu gwiezdnego. To wskazuje na kosmiczną inteligencję lub mózg zdolny do obliczenia, analizy i eksploracji wszechświata na dużą skalę - sieci bakterii magnetotaktycznych. Pochodzenie życia na Ziemi zgodnie z hipotezą Hoyle'a polegałoby na wysiewaniu bakterii z zewnętrznej przestrzeni międzygalaktycznej. Komety przenoszące mikroorganizmy wchodziłyby w interakcję z Ziemią. Cienka skóra z grafityzowanego materiału wokół pojedynczej bakterii lub kępy bakterii może osłonić wnętrze przed zniszczeniem przez promieniowanie UV. Nagły gwałtowny wzrost i zróżnicowanie gatunków roślin i zwierząt oraz ich równie nagłe wyginięcie widoczne w zapisach kopalnych wskazują na sporadyczną ewolucję wytwarzaną przez indukcję świeżych genów kometarnych wraz z pojawieniem się każdej większej nowej uprawy komet45[,46]. Międzygwiezdny WWA organizm aromatyczny powstaje w wyniku katabolizmu cholesterolu nanoarchaealicznego. WWA i cholesterol są międzygwiezdnymi cząsteczkami pierwotnymi prebiotyków. Organizm aromatyczny WWA i nanoarchaealny magnetyt mogą mieć falowo-cząsteczkowe istnienie i łączyć świat bozonów i fermionów. Nanoarchaea może tworzyć biofilmy, a aromatyczny organizm WWA może tworzyć w biofilmie kwantowy chmur obliczeniowy, który tworzy międzygwiezdną inteligencję regulującą tworzenie się układów gwiezdnych i galaktyk. Nanoarchaidalne biofilmy obciążone magnetytem i kwantowy chmura obliczeniowa organizmu aromatycznego WWA mogą stanowić pomost pomiędzy falowo-cząsteczkowym światem funkcjonującym jako obserwator antropiczny wyczuwający grawitację, który organizuje redukcję kwantowego świata możliwości do świata makroskopowego. Nanoarchaea oparta na aktynowcach może regulować obieg węgla w ziemi poprzez metanogenezę, obieg azotu poprzez utlenianie amoniaku i tworzenie się deszczu poprzez wkład w jądro siewne. Temperatura ziemi oraz globalne ocieplenie i chłodzenie są regulowane przez nanoarchaeal syntetyzowane WWA z cholesterolu i metanogenezy. Zwiększony wzrost nanoarchaealiczny w dnie oceanów i glebie prowadzi do zwiększonej produkcji metanu i przemieszczania się skorupy ziemskiej powodującej tsunami i masowe trzęsienia ziemi prowadzące do katastrofalnego masowego wyginięcia47. Ten nanoarchaealny wzrost na dnie oceanu południowego i dnie oceanu indyjskiego, spowodowany globalnym ociepleniem spowodowanym postępem cywilizacyjnym i działalnością człowieka, doprowadziłby do wybuchów metanu na dnie oceanu, które przyczyniłyby się do masowych trzęsień ziemi prowadzących do tsunami. Doprowadziłoby to do katastrofalnego zniszczenia superkontynentu lemuryjskiego. Migracja ocalałych z Lemurów na subkontynencie indyjskim - dolinę Indusu, dolinę Nilu i dolinę Mezopotamii - przyczyniłaby się do powstania cywilizacji harappańskiej, sumeryjskiej i egipskiej, które ewoluowały w tym samym okresie historii ludzkości. [48,49] Odwieczna nanoarchaea przetrwała i ponownie rozpoczęła cykl ewolucji. Oparty na aktynowcach nanoarchaea reguluje ludzki system i biologiczny wszechświat.

Współistnienie EMF, CCP i MNG w południowych Indiach, Republice Południowej Afryki, Australii i Ameryce Południowej jest zatem pośrednim dowodem na istnienie superkontynentu lemuryjskiego zawierającego te masy lądowe. Aktynowy wzrost nanoarchealny doprowadziłby do wybuchów metanu w dnie oceanu, przyczyniając się do trzęsień ziemi i tsunami, które doprowadziłyby do wyginięcia superkontynentu lemuryjskiego. Wspiera on również abiogenezę na radioaktywnych aktynowych piaskach plażowych poprzez proces metabolizmu powierzchniowego. Daje to wsparcie dla roli archaicznych aktynowców jako trzeciego elementu kontrolującego życie i jego rolę w ewolucji wielokomórkowego eukariontu, naczelnych i ludzi. Cywilizacji i ludzi będzie ewoluować w złóż placki i aktynowców bogate piasku prehistorycznego superkontynentu lemuryjskiego w Oceanie Indyjskim i południowym. [48,49]

Zwiększona częstość występowania EMF, CCP, MNG i autyzmu w środowisku Nair oraz zwiększona częstość występowania cech antropometrycznych neandertalczyków w środowisku Nair oraz w EMF, CCP, MNG i autyzmie sugeruje lemuryjskie pochodzenie homo neandertalczyków. Sugeruje to hipotezę oceanograficzną dla homo neandertalczyków z późniejszą migracją do masy ziemi euroazjatyckiej w wyniku zniszczenia superkontynentu przez tsunami. Tsunami zostałyby wytrącone przez wzmożony wzrost archeologiczny w złożach oceanicznych i ruchy w skorupie ziemskiej wytwarzane przez uwolniony metan. Homo neanderthalis powstał również w wyniku zwiększonego endosymbiotycznego wzrostu aktynowców.

Referencje

1. Sandhyamoni S. (1993). Mucoid vasculopathy- vascular lesions in autopsy studies, *Mod Pathology,* 6, 341-349.
2. Balakrishnan V. (1987). *Chronic Pancreatitis in India.* Delhi: Indian Society of Pancreatology.
3. Valiathan M.S., Somers, K., Kartha, C.C. (1993). *Endomyocardial Fibrosis.* Delhi: Oxford University Press.
4. Kurup R., Kurup, P.A. (2009). *Hypothalamic Digoxin, Cerebral Dominance and Brain Function in Health and Diseases.* Nowy Jork: Nova Science Publishers.
5. Hanold D., Randies, J.W. (1991). Coconut cadang-cadang disease and its viroid agent, *Plant Disease,* 75, 330-335.
6. Edwin B.T., Mohankumaran, C. (2007). Kerala wilt disease phytoplasma: Phylogenetic analysis and identification of a vector, *Proutista moesta, Physiological and Molecular Plant Pathology,* 71(1-3), 41-47.
7. Adam Z. (2007). Actinides and Life's Origins, *Astrobiology,* 7, 6-10.
8. Schoner W. (2002). Endogenous cardiac glycosides, a new class of steroid hormones, *Eur J Biochem,* 269, 2440-2448.

9. Eckburg P.B., Lepp, P.W., Relman, D.A. (2003). Archaea and their potential role in human disease, *Infect Immun,* 71, 591-596.

10. Davies P.C.W., Benner, S.A., Cleland, C.E., Lineweaver, C.H., McKay, C.P., Wolfe-Simon, F. (2009). Podpisy Shadow Biosphere, *Astrobiology,* 10, 241-249.

11. Richmond W. (1973). Preparation and properties of a cholesterol oxidase from nocardia species and its application to the enzymatic assay of total cholesterol in serum, *Clin Chem,* 19, 1350-1356.

12. Snell E.D., Snell, C.T. (1961). *Colorimetric Methods of Analysis.* Vol. 3A. Nowy Jork: Van NoStrand.

13. Glick D. (1971). *Metody analizy biochemicznej.* Vol. 5. Nowy Jork: Interscience Publishers.

14. Colowick, Kaplan, N.O. (1955). *Metody w enzymologii.* Tom 2. Nowy Jork: Prasa akademicka.

15. Maarten A.H., Marie-Jose, M., Cornelia, G., van Helden-Meewsen, Fritz, E., Marten, P.H. (1995). Detection of muramic acid in human spleen, *Infection and Immunity,* 63(5), 1652 - 1657.

16. Smit A., Mushegian, A. (2000). Biosynteza izoprenoidów poprzez mewalonian w Archaea: the lost pathway, *Genome Res,* 10(10), 1468-84.

17. Van der Geize R., Yam, K., Heuser, T., Wilbrink, M.H., Hara, H., Anderton, M.C. (2007). A gene cluster encoding cholesterol catabolism in a soil actinomycete provides insight into Mycobacterium tuberculosis survival in macrophages, *Proc Natl Acad Sci USA,* 104(6), 1947-52.

18. Francis A.J. (1998). Biotransformacja uranu i innych aktynowców w odpadach radioaktywnych, *Journal of Alloys and Compounds,* 271(273), 78-84.

19. Probian C., Wülfing, A., Harder, J. (2003). Anaerobic mineralization of quaternary carbon atoms: Isolation of denitrifying bacteria on pivalic acid (2,2-Dimethylpropionic acid), *Applied and Environmental Microbiology,* 69(3), 1866-1870.

20. Tsagris E.M., de Alba, A.E., Gozmanova, M., Kalantidis, K. (2008). Viroids, *Cell Microbiol,* 10, 2168.

21. Horie M., Honda, T., Suzuki, Y., Kobayashi, Y., Daito, T., Oshida, T. (2010). Endogenous non-retroviral RNA virus elements in mammalian genomes, *Nature,* 463, 84-87.

22. Hecht M., Nitz, N., Araujo, P., Sousa, A., Rosa, A., Gomes, D. (2010). Geny z pasożyta Chagasa mogą być przenoszone na ludzi i przekazywane dzieciom. Dziedziczenie DNA przeniesionego z amerykańskich trypanosomów na ludzkich żywicieli, *PLoS ONE,* 5, 2-10.

23. Flam F. (1994). Hints of a language in junk DNA, *Science,* 266, 1320.

24. Horbach S., Sahm, H., Welle, R. (1993). Biosynteza izoprenoidów u bakterii: dwie różne drogi? *FEMS Microbiol Lett,* 111, 135-140.

25. Gupta R.S. (1998). Protein phylogenetics and signature sequences: a reappraisal of evolutionary relationship among archaebacteria, eubacteria, and eukaryotes, *Microbiol Mol Biol Rev,* 62, 1435-1491.

26. Hanage W., Fraser, C., Spratt, B. (2005). Fuzzy species among recombinogenic bacteria, *BMC Biology,* 3, 6-10.

27. Webb J.S., Givskov, M., Kjelleberg, S. (2003). Bacterial biofilms: prokaryotic adventures in multicellularity, *Curr Opin Microbiol,* 6(6), 578-85.

28. Whitchurch C.B., Tolker-Nielsen, T., Ragas, P.C., Mattick, J.S. (2002). Ekstkomórkowe DNA wymagane do tworzenia biofilmu bakteryjnego. *Science,* 295(5559), 1487.

29. Chen Y., Cai, T., Wang, H., Li, Z., Loreaux, E., Lingrel, J.B. (2009). Regulation of intracellular cholesterol distribution by Na/K-ATPase, *J Biol Chem,* 284(22), 14881-90.

30. Poole A.M. (2006). Czy II grupa proliferacji intronowej na endosymbiontycznym archaeonie stworzyła eukarionty? *Biol Direct,* 1, 36-40.

31. Villarreal L.P. (2006). How viruses shape the tree of life, *Future Virology,* 1(5), 587-595.

32. Khovidhunkit W., Kim, M.S., Memon, R.A., Shigenaga, J.K., Moser, A.H., Feingold, K.R. (2004). Seria przeglądów tematycznych: The Pathogenesis of Atherosclerosis. Effects of infection and inflammation on lipid and lipoprotein metabolism mechanisms and consequences to the host, *J Lipid Res,* 45(7), 1169 - 1196.

33. Vainshtein M., Suzina, N., Kudryashova, E., Ariskina, E. (2002). New Magnet-Sensitive Structures in Bacterial and Archaeal Cells, *Biol Cell,* 94(1), 29-35.

34. Eberl M., Hintz, M., Reichenberg, A., Kollas, A., Wiesner, J., Jomaa, H. (2010). Microbial isoprenoid biosynthesis and human γδ T cell activation, *FEBS Letters,* 544(1), 4-10.

35. Cani P.D., Amar, J., Iglesias, M.A., Poggi, M., Knauf, C., Bastelica, D. (2007). Metabolic endotoxemia initiates obesity and insulin resistance, *Diabetes,* 56, 1761-1772.

36. Memon R.A., Holleran, W.M., Moser, A.H., Seki, T., Uchida, Y., Fuller, J. (1998). Endotoxin and Cytokines Increase Hepatic Sphingolipid Biosynthesis and Produce Lipoproteins Enriched in Ceramides and Sphingomyelin, *Arterioscler Thromb Vasc Biol,* 18(8), 1257 - 1265.

37. Carayol N., Chen, J., Yang, F., Jin, T., Jin, L., States, D. (2006). A dominant function of IKK/NF-kB signaling in global LPS-induced gene expression, *J Biol Chem,* 10, 1074.

38. Kliewer S.A. (2005). Cholesterol detoxification by the nuclear pregnane X receptor, *Proc Natl Acad Sci USA,* 102(8), 2675-6.

39. Wallace D.C. (2005). Mitochondria and Cancer: Warburg Addressed, *Cold Spring Harbor Symposia on Quantitative Biology,* 70, 363-374.

40. Paila Y.D., Tiwari, S., Chattopadhyay, A. (2009). Are specific nonannular cholesterol binding sites present in G-protein coupled receptors? *Biochim Biophys Acta,* 1788(2), 295-302.

41. Ebensperger G., Ebensperger, R., Herrera, E.A., Riquelme, R.A., Sanhueza, E.M., Lesage, F. (2005). F. (2005). Fetal brain hypometabolism during prolonged hypoxaemia in the lama, *J Physiol,* 567(3), 963 - 975.

42. Russell M.J., Martin, W. (2004). The rocky roots of the acetyl-CoA Pathway, *Trends in Biochemical Sciences,* 29, 7.

43. Margulis L. (1996). Archaeal-eubacterial mergers in the origin of Eukarya: phylogenetic classification of life, *Proc Natl Acad Sci USA,* 93, 1071-1076.

44. Tielens A.G.G.M. (2008). Interstellar Polycyclic Aromatic Hydrocarbon Molecules, *Annual Review of Astronomy and Astrophysics,* 46, 289-337.

45. Wickramasinghe C. (2004). The universe: a kriogenic habitat for microbial life, *Cryobiology,* 48(2), 113-125.

46. Hoyle F., Wickramasinghe, C. (1988). *Cosmic Life-Force.* Londyn: J.M. Dent and Sons Ltd.

47. Dun D. (2005). *The Black Silent*. Nowy Jork: Pinnacle Books.

48. Ramaswamy S. (2004). The Lost Land of Lemuria: Fabulous Geographies, Catastrophic Histories. Los Angeles: Handel papierami.

49. Neild, Ted (2007). Superkontynent: Dziesięć miliardów lat w życiu naszej planety. Boston: Harvard University Press.

ROZDZIAŁ 5
NEANDERTALCZYCY I CYWILIZACJA PROTO-DRAVIDIAŃSKA - OCEANICZNE POCHODZENIE WEDY PLATFORMOWEJ

Udokumentowano zwiększoną częstość występowania autyzmu w społeczności Dravidian Nair. Dzieci z autyzmem i populacja Nair mają zazwyczaj cechy antropometryczne neandertalczyków. Istnieje zwiększona częstość występowania EMF, CCP, MNG i angiopatii śluzówkowej w populacji zamieszkującej masy lądowe pochodzące z superkontynentu lemuryjskiego na Oceanie Indyjskim. Południowoindyjska masa lądowa była częścią superkontynentu lemuryjskiego na Oceanie Indyjskim i Południowym, który został zniszczony przez gigantyczne tsunami, a ludność zamieszkująca superkontynent reprezentowana jest przez ludność Dravidian w południowych Indiach. Ludność, która wyemigrowała z lemurskiej masy lądowej, podróżowała do euroazjatyckiej masy lądowej tworząc miejskie cywilizacje Harappa-Mohenjo-Daro, Sumeria, Etruskia, Basków, Celtów i Egiptu. Wszystkie te starożytne cywilizacje były co-terminus i istniały w tym samym czasie co najmniej 10.000 lat przed naszą erą. Cywilizacja Harappa-Mohenjadaro jest uważana za Drawidian, a skrypt Harappan został zdekodowany i uznany za Akkadyjsko-Drawidiański. Wszystkie cywilizacje Harappa-Mohenjo-Daro, Sumeria, Etruskia, baskijska, celtycka i egipska mówiły językiem Akkadyjczyków-Dravidian. Jak wykazano, społeczność Dravidian Nair ma cechy antropometryczne neandertalczyków i neandertalską metabolomikę. Wszystkie wyżej wymienione cywilizacje mają możliwe pochodzenie neandertalskie. Postuluje się, że społeczność Drawidów rozwinęła się na kontynencie Lemuriańskim.

Homo neandertalczyk wyewoluowałby na superkontynencie lemuriańskim w Oceanie Indyjskim i Południowym w okresach ekstremalnych warunków pogodowych. Podczas epoki lodowcowej i okresów globalnego ocieplenia, w organizmie człowieka i ekosystemach oceanicznych rośnie archaiczny archaizm ekstremofilny. Rosnący wzrost archaiki w dnie oceanu prowadzi do uwalniania metanu, który wywołuje katastrofalne trzęsienia ziemi w oceanach. Powoduje to powstawanie fal tsunami na Oceanie Indyjskim, a jedno z nich zniszczyłoby lemurską masę lądową powodując masowy exodus. Byłaby to podstawa mitów o powodziach w historii. Rosnący wzrost katabolizujących archaiki cholesterolu u naczelnych prowadzi do ewolucji homo neandertalczyków. Archaile wiążą się z receptorem żniwnym wywołującym HIF alfa hamującym funkcje mitochondrialne i zwiększającym glikolizę. Archealny katabolizm cholesterolu powoduje zubożenie cholesterolu i niedobór kwasu żółciowego. Oba te czynniki indukują zespół metaboliczny i insulinooporność prowadzącą do otyłości pnia i fenotypu neandertalskiego. Niski poziom cholesterolu prowadzi do niedoboru witaminy D i krzywicy, generując fenotyp neandertalczyka o charakterystycznych cechach antropometrycznych. Katabolizm cholesterolowy i utlenianie pierścieni prowadzi do generowania pirogronianu, który przenoszony jest na ścieżkę bocznicową GABA. Generuje on glicynę i sukcynyl CoA syntetyzujące porfiryny, które są cząsteczkami dipolarnymi. Katabolizm cholesterolowy generuje digoksynę, która hamuje błonową ATPazę potasowo-sodową i produkuje kondensat Bose-Einsteina poprzez porfiryny dipolarne indukujące odbiór ilościowy. Indukowana digoksyną błonowa inhibicja błonowej ATPazy potasowo-sodowej zubaża komórkę magnezu hamując aktywność odwrotnej transkryptazy i generację HERV. HERV wytwarza elastyczność genomową, a jej brak prowadzi do zanikania kory przedczołowej. Porfiryna indukuje kwantowe postrzeganie niskiego poziomu EMF, co również prowadzi do zaniku kory przedczołowej. W fenotypie neandertalskim dominuje móżdżek, co prowadzi do zwiększonej intuicyjności, postrzegania kwantowego, duchowości, ducha wspólnoty, współczucia, równości i poczucia jedności ze środowiskiem. W ten sposób fenotyp neandertalczyka ewoluowałby na kontynencie lemuriańskim z dołączoną do niego antyartystyczną masą lądową w epoce lodowcowej. Neandertalczycy rozwinęliby się dzięki podobnemu mechanizmowi w okresie globalnego ocieplenia. Ewolucja w pobliżu antarktycznej części Lemurii i malejąca dostępność światła słonecznego przyczyniłyby się do jasnego koloru skóry neandertalczyków. Neandertalczycy po zniszczeniu superkontynentu lemuryjskiego wyemigrowaliby do Harappa-Mohenjadaro, Sumerii, Etrusków, Basków, Celtów i Egiptu tworząc globalną cywilizację Dravidian. Cywilizacja ta miała język, była duchowa, miała równość płci i równość społeczną. Była to również kreatywna cywilizacja miejska w Harappa-Mohenjadaro, Sumerii, Etiruzji, baskizie, celtach i Egipcie.

Harappa-Mohenjo-Daro, Sumeria, Etruskia, Basków, Celtów i Egipt są w zasadzie Drawidowskie i neandertalskie. Cywilizacja harappańska była więc podobnie neandertalska i drawidowska. Pierwotnymi mieszkańcami Harappy byli Asurasowie i są to neandertalczycy Dravidiańscy. Rig veda miała pochodzenie harapańskie. The główny Bóg the Rig veda być Varuna- the Bóg the Oceans. Taki koncepcja rozwijać tylko w ziemia masa otoczony ocean i w ocean podróżnik sugerować neandertalczyk Dravidian początek Rig veda. Scenariusz Indusa został rozszyfrowany i ma mieć charakter logograficzny i być pochodzenia akadyjsko-dravidyjskiego. Cywilizacja Harappan miała więc język, religię Rig vedic, prawa i została zurbanizowana. The Harappan cywilizacja pochodzić wewnątrz i składać się z Neandertalczyk Drawidiusz migrować od Lemuria niszczyć Tsunamis. Była to cywilizacja siostrzana w stosunku do innych neandertalskich cywilizacji Drawidów z Sumerii, Etiruzji, Basków, Celtów i Egiptu. Była ona częścią globalnej cywilizacji Drawidów.

Rig veda zawiera koncepcje walki pomiędzy asuryjnymi neandertalczykami z Harappy i najeżdżającym homo sapien Devas. Homo sapien Devas miał inną strukturę mózgu z dominującym płatem przedczołowym i mniejszym móżdżkiem. Wyewoluowały one z Afryki, a pokolenie HERV doprowadziło do powstania dynamicznej, dużej kory przedczołowej. Fenotypowo różniły się od asurycznych neandertalczyków Dravidiańskich. Neandertalczycy asuryjni byli hodowani z językiem, religią, prawami i organizacją społeczną. The asuric Dravidian Neanderthals być matrilineal. Byli bardziej równoprawni pod względem płci z alternatywnymi sposobami zachowań seksualnych. Neandertalczycy asuryjni byli społecznie równi z prymitywnym typem komunizmu. Homo sapien Devas nie mieli języka, praw ani religii i byli stosunkowo niecywilizowani. Byli bardziej patriarchalni i zdominowani przez mężczyzn. Inwazja homo sapien Deva na neandertalskie społeczeństwo harappańskie doprowadziła do powstania neandertalskich hybryd, które otrzymały swoją religię i język, a także cywilizowane zachowanie od neandertalczyków harappańskich. Podstawy ludzkiej kreatywności mogą być związane z tą interakcją między neandertalczykami a homo sapien Devas. The Rig veda być zasadniczo Dravidian neandertalczyk pochodzenie. Pierwotny język globalny był akkadyjsko-dravidiański. Język sanskrycki jest modyfikacją skryptu akkadyjsko-dravidiańskiego. Inwazja homo sapien Deva doprowadziła do upadku globalnej cywilizacji Drawidów: Harappa-Mohenjo-Daro, Sumeria, Etruskia, Basków, Celtów i Egiptu. Wielkie religie świata: judeochrześcijańska, muzułmańska i hinduska są w zasadzie drawidowskimi neandertalczykami i semitami. Społeczność neandertalczyków drawidowskich migrujących z Lemurii była podstawą wspólnoty semickiej i religii semickich na świecie. Mózg neandertalczyka był przystosowany do odbioru kwantowego i duchowości.

W obecnej sytuacji globalnego ocieplenia obserwuje się wzmożony rozwój archaiczny w układzie ludzkim i neandertalizację człowieka. Neandertalczycy powrócili, a ludzki mózg staje się neandertalczykiem w zachowaniu i funkcji. Jest to odpowiedzialne za wzrost fali autyzmu, schizofrenii i zespołu metabolicznego X na świecie.

Harappa-Mohenjo-Daro, Sumeria, Etruskia, Basków, Celtów i Egipt są w zasadzie Drawidowskie i neandertalskie. Cywilizacja harappańska była więc podobnie neandertalska i drawidowska. Pierwotnymi mieszkańcami Harappy byli Asurasowie i są to neandertalczycy Dravidiańscy. Rig veda miała pochodzenie harapańskie. The główny Bóg the Rig veda być Varuna- the Bóg the Oceans. Taki koncepcja rozwijać tylko w ziemia masa otoczony ocean i w ocean podróżnik sugerować neandertalczyk Dravidian początek Rig veda. Scenariusz Indusa został rozszyfrowany i ma mieć charakter logograficzny i być pochodzenia akadyjsko-dravidyjskiego. Cywilizacja Harappan miała więc język, religię Rig vedic, prawa i została zurbanizowana. The Harappan cywilizacja pochodzić wewnątrz i składać się z Neandertalczyk Drawidiusz migrować od Lemuria niszczyć Tsunamis. Była to cywilizacja siostrzana w stosunku do innych neandertalskich cywilizacji Drawidów z Sumerii, Etiruzji, Basków, Celtów i Egiptu. Była ona częścią globalnej cywilizacji Drawidów.

Rig veda zawiera koncepcje walki pomiędzy asuryjnymi neandertalczykami z Harappy i najeżdżającym homo sapien Devas. Homo sapien Devas miał inną strukturę mózgu z dominującym płatem przedczołowym i mniejszym móżdżkiem. Wyewoluowały one z Afryki, a pokolenie HERV doprowadziło do powstania dynamicznej, dużej kory przedczołowej. Fenotypowo różniły się od asurycznych neandertalczyków Dravidiańskich. Neandertalczycy asuryjni byli hodowani z językiem, religią, prawami i organizacją społeczną. The asuric Dravidian Neanderthals być matrilineal. Byli bardziej równoprawni pod względem płci z alternatywnymi sposobami zachowań seksualnych. Neandertalczycy asuryjni byli społecznie równi z prymitywnym typem komunizmu. Homo sapien Devas nie mieli języka, praw ani religii i byli stosunkowo niecywilizowani. Byli bardziej patriarchalni i zdominowani przez mężczyzn. Inwazja homo sapien Deva na neandertalskie społeczeństwo harappańskie doprowadziła do powstania neandertalskich hybryd, które otrzymały swoją religię i język, a także cywilizowane zachowanie od neandertalczyków harappańskich. Podstawy ludzkiej kreatywności mogą być związane z tą interakcją między neandertalczykami a homo sapien Devas. Rigveda jest w zasadzie neandertalskiego pochodzenia Dravidian. Pierwotny globalny język był akkadyjsko-dravidiański. Język sanskrycki jest modyfikacją skryptu akkadyjsko-dravidyjskiego. Inwazja homo sapien Deva doprowadziła do upadku globalnej cywilizacji Drawidów: Harappa-Mohenjo-Daro, Sumeria, Etruskia, Basków, Celtów i Egiptu. Wielkie religie świata: judeochrześcijańska, muzułmańska i hinduska są w zasadzie drawidowskimi neandertalczykami i semitami. Społeczność neandertalczyków drawidowskich migrujących z Lemurii była podstawą wspólnoty semickiej i religii semickich na świecie. Mózg neandertalczyka był przystosowany do odbioru kwantowego i duchowości. [1-4]

Referencje

1. Ramaswamy S. (2004). *The Lost Land of Lemuria: Wspaniałe geografie, katastroficzne historie*. Los Angeles: Handel papierami.
2. Neild, Ted (2007). *Superkontynent: Dziesięć miliardów lat w życiu naszej planety*. Boston: Harvard University Press.
3. Gooch S. *The Dream Culture of the Neanderthals: Strażnicy Starożytnej Mądrości*. Inner Traditions, Wildwood House, Londyn; 2006.
4. Gooch S. *The Neanderthal Legacy: Obudzenie naszych genetycznych i kulturowych korzeni*. Inner Traditions, Wildwood House, Londyn; 2008.

ROZDZIAŁ 6
WSPÓŁCZESNA CYWILIZACJA NEANDERTALSKA I KONFLIKT NEANDERTALSKI CRO-MAGNON - DOWODY Z BIOLOGII CZŁOWIEKA

Wprowadzenie

Ekstremalne zmiany klimatyczne powodują endosymbiotyczny wzrost archeologiczny. Archaeae to organizm katabolizujący cholesterol. Prowadzi to do neandertalizacji gatunku ludzkiego. Nastąpiło to podczas epoki lodowcowej i prawdopodobnie jest zjawiskiem ciągłym w okresach globalnego ocieplenia. Homo neandertalczyk jest matrilinealny, a pozostałe matrilinealne społeczeństwa Dravidian, Semitów, Basków, Celtów i Berberów są neandertalczykami. Globalne ocieplenie powoduje endosymbiotyczny wzrost archeologiczny i neandertalizację. Powoduje to zmiany w mózgu, przy czym kora mózgowa staje się dysfunkcyjna, a móżdżek dominuje. Jest to spowodowane zwiększonym postrzeganiem niskiego poziomu EMF przez archeologiczny magnetyt. To powoduje zmiany w społeczeństwie ludzkim, zachowania i wzorce choroby. [1-17]

W społeczności Nair w Kerali występuje wysoka częstość występowania autyzmu i fenotypów antropometrycznych neandertalczyków. Społeczność Nair jest matrilineal i jest jedną z niewielu funkcjonalnych matriarchii na świecie i mówi językiem Dravidian z podobieństwem do społeczeństw celtyckich, scytyjskich, berberyjskich i baskijskich. Mózg autystyczny jest porównywalny do wielkiego mózgu neandertalskiego. Społeczeństwa autystyczne i matrilinealne, takie jak Nair, można uznać za skamieniałe pozostałości populacji neandertalskiej. Endosymbiotyczne archaiki aktynowców wykorzystujące cholesterol jako substrat energetyczny zostały opisane w chorobie systemowej z naszego laboratorium. Populację autystyczną i Nair badano pod kątem aktywności cytochromu F420 zależnego od aktynowców, sugerującej wzrost endosymbiotycznych archaicznych organizmów. [1-17] Hipotezę tę zbadano oceniając wzrost endosymbiotyczny w populacjach pochodzących z populacji matrilinealnych.

Endosymbiotyczne archaiki aktynowców stanowią podstawę życia i mogą być uważane za trzeci element w komórce. Reguluje on komórkę, układ nerwowo-immunologiczno-endokrynny i świadomość/nieświadomość mózgu. Endosymbiotyczne aktynoidalne archaiki mogą być nazywane eliksirem życia. Dla istnienia i przetrwania życia wymagana jest określona populacja endosymbiotycznych archaicznych archaicznych aktówynidów. Większa gęstość endosymbiotycznej archaicznej populacji aktynowców może prowadzić do choroby człowieka. Tak więc aktynoidalne archaiki są ważne dla przetrwania ludzkiego życia i mogą być uważane za kluczowe dla niego. Symbioza aktynowców jest podstawą ewolucji ludzi i naczelnych. Wzrost endosymbiotycznego wzrostu archaicznego może prowadzić do indukcji homo neandertalis. Ta endosymbiotyczna archaika indukująca neandertalizację gatunku prowadzi do chorób ludzkich, takich jak zespół metaboliczny X, neurodegeneracja, schizofrenia i autyzm, choroba autoimmunologiczna i rak. Zmniejszenie wzrostu endosymbiotyków poprzez zastosowanie diety ketogennej o wysokiej zawartości błonnika, trójglicerydów o wysokim łańcuchu i białek roślin strączkowych, antybiotyków z roślin wyższych, takich jak Curcuma longa, Emblica officianalis, Allium sativum, Withania somnifera, Moringa pterygosperma i Zingeber officianalis oraz przeszczepienie mikroflory okrężnicy z normalnej populacji homo sapien może prowadzić do deneandertalizacji gatunku i leczenia wyżej wymienionych stanów chorobowych. Mikroflora jelita grubego w stanach chorobowych neandertalczyków, takich jak zespół metaboliczny X, neurodegeneracja, schizofrenia i autyzm, choroba autoimmunologiczna i rak, po przeniesieniu do prawidłowego gatunku homo sapien, prowadzi do wytworzenia i indukcji homo neandertalisu. Tak więc ewolucja naczelnych i człowieka jest wydarzeniem symbiotycznym, które może być wywołane modulującym symbiotycznym wzrostem archeologicznym. Populacje ludzkie można podzielić na matrilinealną populację neandertalczyków w południowo-indyjskich Dravidianach, Celtach, Baskach, Żydach i Berberach oraz populację Cro-Magnona widzianą w Afryce i Europie. Symbiotyczna kolonizacja archeologiczna decyduje o tym, który gatunek - Neandertalczyk czy Cro-Magnon, do którego należy społeczeństwo. Kuszące jest postulowanie symbiotycznej mikroflory i archaiki określającej zachowania i cechy rodziny, jak również zachowania i cechy społeczne i kastowe. Komórka została postulowana przez Margulisa jako symbiotyczne stowarzyszenie bakterii i wirusów. Podobnie, rodzina, kasta, społeczność, narodowość i sam gatunek są zdeterminowane przez symbiozę archeologiczną i inne symbiozy bakteryjne.

Symbioza przez mikroorganizmy, zwłaszcza archaiczne, napędza ewolucję gatunku. W takim przypadku symbioza może być indukowana przez przenoszenie symbiontów mikroflory i indukowaną ewolucję. Endosymbioza przez archaiki, jak również symbionty w jelitach mogą modulować genotyp, fenotyp, klasę społeczną i grupę rasową jednostki. Symbiotyczne archaiki mogą mieć transmisję poziomą i pionową. Endosymbiotyczny wzrost archeologiczny prowadzi do neandertalizacji gatunku. Neandertalizowany gatunek jest społeczeństwem matriliniowym i obejmuje Dravidian, Celtów, Basków i Berberów. Zahamowanie endosymbiotycznego wzrostu archeologicznego prowadzi do ewolucji gatunku homo sapiens. Obejmuje to Afrykańczyków, najeźdźców aryjskich w północnych Indiach oraz ludność europejską wywodzącą się z Aryjczyków. Symbioza za pośrednictwem ewolucji zależy od flory jelitowej i diety. Zostało to wykazane w drosophila pseudoobscura. Drosophila kojarzy się tylko z innymi osobami jedzącymi tę samą dietę. Kiedy mikroflora jelitowa drosophila zmienia się przez podawanie antybiotyków, łączą się one z innymi osobami odżywiającymi się różnymi dietami. Dieta spożywana przez drosofilę reguluje jej mikroflorę jelitową i nawyki godowe. Połączenie ludzkiego genomu i symbiotycznego mikrobiologicznego genomu nazywane jest hologenomem. Hologenom ten, a zwłaszcza jego symbiotyczny składnik mikrobiologiczny, napędza zarówno ewolucję człowieka, jak i zwierząt. Odległość ewolucyjna pomiędzy gatunkami os zależy od mikroflory jelitowej. Mikroflora jelitowa człowieka reguluje układ endokrynny, genetyczny i neuronalny. Ewolucja człowieka i naczelnych zależy od endosymbiotycznych archai i mikroflory jelitowej. Endosymbiotyczny wzrost archeologiczny determinuje różnice rasowe pomiędzy matriliniowymi społeczeństwami Harappan/ Dravidian a patriarchalnym społeczeństwem aryjskim. Macierzyński Harappan/ Dravidian był neandertalczykiem i zwiększył endosymbiotyczny wzrost archeologiczny. Endosymbiotyczny wzrost i neandertalizacja mogą prowadzić do choroby autoimmunologicznej, zespołu metabolicznego X, neurodegeneracji, raka, autyzmu i schizofrenii. Neandertalska flora jelitowa i endosymbiotyczne archaiki zostały określone przez nie wegetariańską dietę ketogeniczną o wysokiej zawartości tłuszczu i białka spożywaną przez nie w euroazjatyckich stepach. Homo sapiens w tym klasyczne plemiona aryjskie i afrykańskie zjadły dietę o wysokiej zawartości błonnika i miały niższy wzrost archeologiczny zarówno endosymbiotyczne i jelitowe. Spożycie błonnika pokarmowego determinuje różnorodność mikrobiologiczną jelit. Wysokie spożycie błonnika wiąże się ze zwiększonym wytwarzaniem krótkołańcuchowych kwasów tłuszczowych - kwasu masłowego przez florę jelitową. Maślan jest inhibitorem HDAC i prowadzi do zwiększonego wytwarzania i włączania endogennych sekwencji retrowirusowych. Wysokie spożycie błonnika pokarmowego związane ze zwiększonym spożyciem sekwencji HERV prowadzi do zwiększonej łączności synaptycznej i dominującej kory czołowej, jak widać u gatunków homo sapien. Gatunki neandertalczyków spożywają ketogenną, nie wegetariańską dietę o wysokiej zawartości tłuszczu i białka o niskiej zawartości błonnika. Prowadzi to do zmniejszenia generacji endogennych sekwencji HERV i zmniejszenia elastyczności genomowej u gatunków neandertalczyków. W ten sposób powstaje mniejsza kora mózgowa i dominująca kora mózgowa w mózgu neandertalczyka. Gatunki homo neandertalczyków, dzięki niskiemu spożyciu błonnika pokarmowego, głodują swoje mikrobiologiczne ja. Prowadzi to do zwiększonego wzrostu endosymbiotycznego i jelitowego. Błona śluzowa jelita rozrzedza się w miarę zjadania przez bakterie jelitowe błony śluzowej jelita. Powoduje to wyciek endotoksyny i artefaktów z jelita do krwi łamiącej barierę i wywołuje chroniczny immunostymulujący stan zapalny, który stanowi podstawę chorób autoimmunologicznych, zespołu metabolicznego, neurodegeneracji, zaburzeń onkogennych i psychicznych. Gatunki neandertalczyków odżywiają się dietą o niskiej zawartości błonnika i mają niedobór dostępnych dla mikrobioty węglowodanów, generujących krótkołańcuchowy kwas tłuszczowy. Niedobór maślanu wytwarzanego w jelitach z błonnika pokarmowego może powodować tłumienie przewlekłego procesu zapalnego. Neandertalczycy mają zespół niedoboru produktu ubocznego fermentacji. Indukcja gatunków neandertalczyków zależy od niskiego spożycia błonnika spowodowanego dużą gęstością endosymbiotyczną i mikroflory jelitowej. Gatunki homo sapiens spożywają dietę o wysokiej zawartości błonnika, generującą duże ilości krótkołańcuchowego maślanu kwasów tłuszczowych, który hamuje rozwój endosymbiotyczny i flory jelitowej. Ja mikrobiologiczne gatunku homo sapiens jest bardziej zróżnicowane niż u gatunków neandertalczyków, a gęstość populacji w archaikach jest mniejsza. Skutkuje to ochroną przed przewlekłym zapaleniem i indukcją chorób takich jak choroba autoimmunologiczna, zespół metaboliczny, neurodegeneracja, zaburzenia onkogenne i psychiczne. Gatunki homo sapien mają wyższe spożycie błonnika pokarmowego, które przyczynia się do około 40 g/dzień i zróżnicowaną mikrobiologiczną florę jelitową o mniejszej gęstości populacji archeologicznej. Maślan wytwarzany z błonnika wytwarza stan immunosupresyjny. W ten sposób symbiotyczna flora bakteryjna o mniejszej gęstości populacji archeologicznej wywołuje u gatunku homo sapien. Można to wykazać poprzez eksperymentalną indukcję ewolucji. Wysoka zawartość błonnika pokarmowego o wysokiej zawartości MCT, jak również antybiotyki pochodzące z wyższych roślin oraz transfer mikroflory kałowej z gatunków sapiens mogą hamować metabolizm i fenotyp neandertalczyków oraz indukować ewolucję gatunku homo sapiens. Dieta niskobłonnikowa o wysokiej zawartości tłuszczu i białka oraz transfer mikrobioty w kale z gatunków neandertalczyków może hamować metabolizm i fenotyp neandertalczyków oraz indukować ewolucję homo neanderthalis. Przenoszenie mikroflory jelita grubego z przewagą archai i modulacja endosymbiotycznych archai przez dietę paleo i antybiotyki z roślin wyższych może prowadzić do krzyżowania się gatunków ludzkich między homo neanderthalis i homo sapiens. Hologenom, zwłaszcza flora mikrobiologiczna, endosymbiotyk/jelito napędza ewolucję człowieka i zwierząt i może być eksperymentalnie indukowany. Symbiotyczna flora mikrobiologiczna napędza ewolucję. Każde zwierzę, każdy gatunek ludzki, różne społeczności, różne rasy i różne kasty mają swoją charakterystyczną endosymbiotyczną i jelitową mikroflorę, która może być przenoszona pionowo i poziomo. W ten sposób symbioza napędza ewolucję człowieka i zwierząt. Archaiki koloniczne i endosymbiotyczne oraz inne mikroorganizmy, takie jak klostridialne skupiska, determinują gatunek, rasę, kastę, społeczność i osobistą tożsamość jednostki. Tożsamość jednostki - osobista, wspólnotowa, kastowa, rasowa, narodowościowa i gatunkowa jest determinowana przez kolonialne i endosymbiotyczne skupiska archeologiczne i klostridialne. Dominująca symbioza archeologiczna wytwarza homo neanderthalis, a mniej widoczna symbioza archeologiczna i dominujące skupiska klostridialne w jelitach wytwarzają gatunek homo sapien. Każdy osobnik, rasa, narodowość, kasta, wyznanie i społeczność ma podpisy endosymbiotycznych i kolonialnych mikrobiotów. Ta koloniczna i endosymbiotyczna sygnatura mikrobioty jest przenoszona przez zmianę endosymbiotycznej i kolonicznej mikrobioty z jednej grupy na drugą. W ten sposób można wywołać ewolucję i tożsamość opartą na indywidualności, rasie, narodowości, kastie i wyznaniu.

Można to interpretować na podstawie filaralnej hipotezy o tożsamości grupowej i współpracy kolektywów RNA. Symbioza archeologiczna w jelicie i przestrzeni tkankowej determinuje spekulacje człowieka jako homo sapiens i homo neanderthalis. Endosymbiotyczne archaiki mogą wydzielać wiroidy i wirusy RNA, a między nimi istnieje relacja wiroid-archaeal żywiciel. W archaikach może wystąpić dynamiczny stan lizy i trwałości wirusa, co sugeruje, że w archaikach może wystąpić uzależnienie od wirusów. Wiroidy RNA w archaeach koordynują swoje zachowanie poprzez wymianę informacji, modulację i innowacje, generując nowe treści oparte na sekwencji. Dzieje się tak ze względu na zjawisko symbiozy, w przeciwieństwie do koncepcji przeżycia najsilniejszego. Generowanie nowych sekwencji wiroidalnych RNA jest wynikiem praktycznych kompetencji żywych czynników do generowania nowych sekwencji poprzez symbiozę i dzielenie się nimi. Stanowi to wysoce produktywne konsorcja quasi-gatunkowe RNA dla ewolucji, zachowania i plastyczności środowisk genomowych. Motywy behawioralne RNA to struktury pojedynczej pętli macierzystej. Posiadają one możliwości samodzielnego składania i budowania grup w zależności od potrzeb funkcjonalnych. Proces ewolucji zależy od tego, co Villareal nazywa konsorcjami pętli macierzystej RNA. Cała jednostka może funkcjonować tylko wtedy, gdy uczestniczące grupy wiroidów RNA mogą uzyskać koordynacje ich funkcji. Istnieje kompetentne denovo generacji nowych sekwencji przez wspólne działania, a nie przez konkurencję. Te RNA wiroidalne grupy konsorcja mogą przyczyniać się do tożsamości gospodarza, tożsamości grupy i odporności grupy. Terminem używanym do tego celu jest socjologiczne zachowanie wiroidów RNA. Wiroidy RNA mogą budować grupy, które najeżdżają archaiczne i rywalizują jako grupa o ograniczone zasoby takich genomów gospodarza. Kluczowy motyw behawioralny jest w stanie zintegrować uporczywy styl życia w kolonii archaicznej z modułem uzależnienia tworzącym konkurencyjne grupy wiroidalne, które przeciwdziałają równoważeniu się wraz z systemem odpornościowym archaicznym/gospodarzem. Prowadzi to do stworzenia tożsamości kolonii archeologicznej i gospodarza homo neandertalczyka. Wiroidy mogą zabić swojego żywiciela, a także skolonizować go bez choroby i chronić go przed podobnymi wirusami i wiroidami. Wraz z lizą i ochroną widzimy skolonizowanego żywiciela wiroida, który jest zarówno symbiotyczny jak i innowacyjny, nabywając nowe kompetentne kody. Tak więc relacja wiroid-żywiciel jest wszechobecną, starożytną siłą w powstawaniu i ewolucji życia. Skumulowana ewolucja na poziomie wiroidów RNA jest jak efekt grzechotki używany do transmisji memy kulturowej. To uczenie się kumuluje się tak, że każda nowa generacja nie może powtarzać wszystkich innowacyjnych myśli i technik. Quasi-gatunki wiroidów RNA są kooperatywne i wykluczone z innych quasi-gatunków. Posiadają grupowe rozpoznanie różnicujące auto-grupy i nie-samodzielne grupy, co pozwala quasi-gatunkowym promować powstawanie tożsamości grupowej. W przypadku tożsamości grupowej za pośrednictwem przeciwstawnych modułów uzależnień muszą być obecne i działać w sposób spójny dwa przeciwstawne składniki oraz definiować grupę jako całość. Tożsamość biologiczna składa się z dynamicznych interakcji grup kooperacyjnych. Moduł uzależnienia od wirusów jest istotną strategią dla istnienia życia w wirosferze. Wirusy są zakaźne i mogą utrzymywać się w określonej populacji żywiciela, prowadząc do powstania formy odporności/tożsamości grupy, ponieważ identyczna, ale nieskolonizowana populacja żywiciela pozostaje podatna na zabójcze działanie wirusów litycznych. W ten sposób widzimy, że wirusy są niezbędne do zapewnienia przeciwstawnych funkcji dla uzależnienia (trwałość/ochrona i lityka/ zabijanie). Wiroidy mogą funkcjonować jako konsorcja, zasadnicza grupa interakcji i dostarczają mechanizmu, z którego może wyłonić się funkcja konsorcyjna w powstaniu życia protobiotycznego. Pasożyty genetyczne mogą działać jako grupa (qs-c). Aby jednak grupa ta była spójna, musi osiągnąć tożsamość grupową i zazwyczaj odbywa się to za pomocą strategii uzależnień. System antywirusowy i prowirusowy w archaikach same wyłaniają się u żywiciela z informacji pochodzących od wirusa. Same archaiczne wirusy pełnią krytyczną funkcję wymaganą do obrony antywirusowej. Funkcje przeciwstawne są podstawą modułów uzależnień. Tak więc pojawienie się tożsamości grupowej staje się istotnym i wczesnym wydarzeniem w powstawaniu życia. Jest to spójne z podstawowym zachowaniem grupowym wiroidów RNA w archaeach. Taki dobór grupy i jej tożsamość są potrzebne do stworzenia spójności informacji i tworzenia sieci oraz do stworzenia systemu komunikacji i interakcji kompetentnych w zakresie kodu. Tożsamość ta służy jako informacja również dla tych, którzy tej tożsamości nie podzielają. Jest to początek zdolności różnicowania siebie/nie-ja. W ten sposób wiroidy promują powstawanie tożsamości grupowej w koloniach archeologicznych i żywicieli ludzi. Tożsamość kolonii archeologicznych zależy od kolonizującego zestawu wiroidów RNA produkujących spójną sieć, która obejmuje przeciwstawne funkcje i sprzyja przetrwaniu nowych informacji pochodzących od pasożytów. Na podstawie funkcji populacyjnych DNA RNA może być uznane za siedlisko dla konsorcjów RNA. W ten sposób wiroidy RNA z archaiki są zaangażowane w złożoną tożsamość wielokomórkową. Jest to nazywane przez Villarreal jako hipoteza Gangena. Gangen opisuje pojawienie się wspólnego użycia kodu, członkostwo w grupie i wspólną funkcję życiową wiroidów RNA. Komunikacja jest kodem zależnym od interakcji, a transmisja kodu zakaźnego określa pochodzenie wirosfery. Kwestia ta odnosi się do idei kolektywu wiroidów RNA z nieodłącznymi cechami toksycznymi i antytoksycznymi powinny być w stanie przekazać lub przekazać te czynniki i ich cechy do pobliskiej konkurencyjnej populacji. Zdecydowanie sprzyja to przetrwaniu populacji wiroidów RNA z kompatybilnymi modułami uzależniającymi, które będą hamować toksyczność czynnika i pozwolą na przetrwanie nowych czynników. Jest to więc przetrwanie uporczywie skolonizowanego zestawu, który z natury jest procesem symbiotycznym i konsorcyjnym. Promuje on również zwiększenie złożoności i tożsamości / odporności zbiorowości gospodarza poprzez kolonizację nowego czynnika i stabilny dodatek. W ten sposób transmisja czynników RNA osiąga zarówno komunikację jak i uznanie przynależności do grupy. W ten sposób pojawienie się wirosfery musiało być wczesnym wydarzeniem w początkach życia i tożsamości grupowej. Wirusy i wiroidy są genetycznymi pasożytami i najliczniej żyjącymi bytami na ziemi. Wirosfera jest siecią zakaźnych czynników genetycznych. Ewolucja, zachowanie i plastyczność tożsamości genetycznych są wynikiem współpracy konsorcjów wiroidów RNA, które są kompetentne do komunikowania się. W ten sposób archeologiczne konsorcja wiroidów mogą symbiotycznie dzielić się i komunikować, tworząc nowe sekwencje i nadając kolonii archeologicznej tożsamość. Dieta oparta na niskiej zawartości błonnika i ekstremalnych temperaturach stepu euroazjatyckiego prowadzi do rozmnażania się i indukcji gatunku homo neanderthalis. Charakterystyka kolonii archeologicznej jest określana przez współpracujące konsorcja wiroidów RNA w archaeach, a tożsamość kolonii archeologicznej określa tożsamość gatunku homo neanderthalis. W ten sposób kolonie archeologiczne z ich quasi gatunkowymi konsorcjami wiroidów RNA określają tożsamość homo neanderthalis. Nowa generacja sekwencji przez konsorcja wiroidów RNA o charakterze symbiotycznym przyczynia się do różnorodności zachowań i kreatywności populacji homo neanderthalis. Archeologiczne wirusy i wiroidy RNA oraz same kolonie archeologiczne chronią populację homo neanderthalis przed zakażeniami retrowirusowymi. W ten sposób populacja homo neanderthalis jest odporna na zakażenia retrowirusowe, a quasi-gatunkowe konsorcja archaicznych i archaicznych wiroidów nadają im grupową tożsamość jako odpornym na zakażenia retrowirusowe. W ten sposób konsorcja quasi-gatunkowe wiroidów archaicznych i RNA nadają kolonii homo neanderthalis tożsamość i wyobrażenie o sobie. Homo neanderthalis jest odporny na infekcje retrowirusowe jak australijscy aborygenowie, a endogenne sekwencje retrowirusowe w genomie neandertalskim są ograniczone. Prowadzi to do braku plastyczności i dynamiki ludzkiego genomu i kory mózgowej w źle rozwiniętej z dominującą impulsywną korą mózgową w populacji homo neanderthalis. W ten sposób powstaje impulsywny, twórczy, surrealistyczny duchowy mózg neandertalczyka. W miarę jak temperatura spada i kończy się epoka lodowcowa, gęstość populacji archeologicznej również spada. Może to również wynikać ze spożycia diety o wysokiej zawartości błonnika na kontynencie afrykańskim. Dieta o wysokiej zawartości błonnika pokarmowego trawionego przez klastry klostridialne w okrężnicy sprzyja syntezie maślanu i maślan indukuje hamowanie HDAC i ekspresję sekwencji wstecznych w genomie naczelnego. Prowadzi to do wzrostu endogennych sekwencji retrowirusowych w ludzkim genomie, zwiększając dynamikę genomową i ewolucję skomplikowanej kory mózgowej dominującej mózgu z jego skomplikowaną łącznością synaptyczną w homo sapiens. To prowadzi do logicznego, zdroworozsądkowego, pragmatycznego i praktycznego homo sapiens mózgu. Homo sapiens z powodu braku archaiki i wiroidów RNA są podatne na zakażenie retrowirusowe. Tak więc kolonie archaiczne i wiroidalne quasi-gatunkowe konsorcja RNA określają ewolucję gatunku ludzkiego i sieci mózgowych. Tak więc ekstremalne temperatury, spożycie włókien, gęstość kolonii archeologicznych, RNA wiroidalne quasi-gatunki, tożsamość grupy i odporność retroviral decyduje o ewolucji homo sapiens i homo neanderthalis, jak również sieci mózgowych. Obecne ekstremalne wartości temperatury i niski pobór włókien w cywilizowanym społeczeństwie mogą prowadzić do wzrostu gęstości populacji archeologicznej i quasi-gatunkowych sieci wiroidalnych RNA, generując nowy homo neanderthalis w nowym neandertalskim wieku antropocenowym w przeciwieństwie do obecnego wieku antropocenowego homo sapiens. Gęstości populacji archeologicznej oraz quasi-gatunkowe sieci wiroidalne RNA określają gatunki homo sapien/ homo neanderthalis, rasowe, kastowe, wspólnotowe, narodowe, seksualne, metaboliczne, neuronalne, psychiatryczne, psychologiczne, fenotypowe, immunologiczne, genotypowe oraz tożsamość indywidualną. Archaea wydziela digoksynę trefonową, która może edytować wiroidy RNA i generować nowe sekwencje. Archaiczny dipolarny magnetyt i porfiryn w ustawieniu digoksyny indukowanej błony sodowej potasu ATPas inhibicji ATPas może produkować pompowany system fononowy pośredniczy kwantowy stan spostrzegawczy i kwantowej komunikacji w RNA wiroidalnego systemu symbiotycznego generującego nowe sekwencje przez steroidowego digoksyny enzymatyczne działanie edycji. To daje podstawę do archeologicznych RNA wiroidalnych quasi-gatunkowych symbiotycznej różnorodności i tożsamości gatunku, rasy, kasty, płci, kultury, jednostki i tożsamości narodowej.

Korzenie zachodniej choroby cywilizacyjnej mogą być związane z głodowaniem mikroflory jelita grubego. Mikroflora jelita grubego jest uzależniona od węglowodanów złożonych pochodzących z błonnika pokarmowego. Przetworzona żywność o wysokiej zawartości białka, tłuszczu i cukrów jest trawiona i wchłaniana w żołądku i jelicie cienkim. Bardzo niewielka jej część dociera do jelita grubego, a powszechne stosowanie antybiotyków w medycynie spowodowało masowe wyginięcie mikroflory jelita grubego. Mikroflora jelita grubego jest niezwykle zróżnicowana, a jej różnorodność zostaje utracona. W jelicie grubym znajduje się 100 bilionów bakterii należących do 1200 gatunków. Regulują one układ odpornościowy poprzez indukowanie komórek T-regulacyjnych. Dieta o wysokiej zawartości błonnika przyczynia się do różnorodności mikrobioty jelita grubego. Interakcje ze zwierzętami gospodarskimi, takimi jak krowy i psy również przyczyniają się do zróżnicowania mikroflory jelita grubego. Typowa zachodnia dieta o wysokiej zawartości tłuszczu, białka i cukrów zmniejsza różnorodność mikroflory jelita grubego i zwiększa archaiczność jelita grubego/endosymbiotyczną, powodując metanogenezę. Archaiki jelita grubego żywią się śluzową wyściółką jelita grubego i powodują wyciek archaiki do krwi i układu tkankowego, co prowadzi do powstania endosymbiotycznych archaiki. Prowadzi to do przewlekłego stanu zapalnego. Dieta z wysokim błonnikiem pokarmowym Afrykańczyków, Amerykanów Południowych i Hindusów produkuje zwiększoną różnorodność mikrobioty jelita grubego i wzrost klastrów klostridalnych generujących SCFA w jelitach. Dieta wysokobłonnikowa chroni przed syndromem metabolicznym i cukrzycą. Zespół metaboliczny jest związany z degeneracją, nowotworami, chorobami neuropsychiatrycznymi i autoimmunologicznymi. Dieta wysokobłonnikowa do 40 g/dzień może być nazywana dietą jelitową. Mikroflora jelita grubego, a w szczególności klaster klostridalny, trawi błonnik wytwarzając krótkołańcuchowe kwasy tłuszczowe, które regulują odporność i przemianę materii. Dieta wysokobłonnikowa zwiększa wydzielanie błony śluzowej jelita grubego oraz grubość wyściółki śluzowej. Dieta bogata w błonnik pokarmowy powoduje wzrost ilości kłębków i wydzieliny śluzu. W ten sposób tworzy się silna bariera dla krwi jelitowej i zapobiega się endotoksemii metabolicznej, która wywołuje przewlekłą odpowiedź zapalną. Wysokie spożycie błonnika pokarmowego i różnorodność mikroflory jelita grubego z wyraźnymi skupiskami klostridalnymi wytwarzającymi SCFA są ze sobą powiązane. Klostridalne skupiska metabolizują złożone węglowodany zawarte w błonniku pokarmowym do krótkołańcuchowych maślanów, propionianów i octanów kwasów tłuszczowych. Zwiększają one funkcję regulatora T. Dieta bogata w błonnik pokarmowy zwiększa ilość bakterii i redukuje jędrność mikroflory jelita grubego. Dieta o wysokiej zawartości błonnika wiąże się z niskim wskaźnikiem masy ciała. Dieta o niskiej zawartości błonnika pokarmowego zwiększa wzrost tkanki jelita grubego, jak również tkanki endosymbiotycznej i archaiki krwi. W ten sposób powstaje więcej metanogenezy niż krótkołańcuchowej syntezy kwasów tłuszczowych przyczyniającej się do aktywacji immunologicznej. Dieta o niskiej zawartości błonnika wiąże się z wysokim wskaźnikiem masy ciała i przewlekłym ogólnoustrojowym stanem zapalnym. Myszy wolne od zarazków wykazują zanik serca, płuc i wątroby. Mikroflora jelitowa jest niezbędna do wytwarzania układów narządowych. Mikroflora jelitowa jest również potrzebna do generowania komórek T-regulacyjnych. Wysokie spożycie błonnika powoduje większe zróżnicowanie mikrobioty jelitowej oraz wzrost skupisk klostridalnych i fermentacji przez produkty takie jak maślan, który tłumi stan zapalny i zwiększa liczbę komórek regulujących T. Dieta o niskiej zawartości błonnika pokarmowego prowadzi do zwiększenia przyrostu archeologicznego, metanogenezy, zniszczenia wyściółki śluzowej i wycieku z archaicznych części jelita grubego, wytwarzających tkankę endosymbiotyczną i archaiczne części krwi. Powoduje to nadreaktywność immunologiczną przyczyniającą się do powstawania współczesnych plag cywilizacyjnych - zespołu metabolicznego, schizofrenii, autyzmu, nowotworów, autoimmunizacji i zwyrodnień. Mikrobiota jelitowa napędza ludzką ewolucję. Ludzie nie są gospodarzami mikrobioty jelitowej, ale mikrobiota jelitowa jest naszym gospodarzem.

System ludzki stanowi rozbudowane laboratorium hodowlane dla rozmnażania się i przetrwania mikrobioty. System ludzki jest wywoływany przez mikrobiotę dla ich przetrwania i wzrostu. System ludzki istnieje dla mikrobioty, a nie na odwrót. Ten sam mechanizm sprawdza się w systemach roślinnych. Rośliny zaczęły kolonizować ziemię, ponieważ zaczęły symbiotyzować z bakteriami w systemach korzeniowych, które mogą pobierać substancje odżywcze z gleby. Ludzie tworzą mobilne laboratorium hodowlane dla bardziej efektywnego rozmnażania i przetrwania mikrobioty. Mikrobiota indukuje powstawanie wyspecjalizowanych komórek odpornościowych zwanych wrodzonymi komórkami limfoidalnymi. Wrodzone komórki limfoidalne kierują limfocyty tak, aby nie atakowały korzystnych bakterii. Tak więc endosymbiotyczne archaiki i archaiki jelitowe wywołują ewolucję człowieka, naczelnego i zwierzęcego, aby generować dla nich struktury umożliwiające przetrwanie i rozmnażanie się. Źródłem endosymbiotycznych archai, trzeciego elementu życia, są archaiki jelita grubego, które przeciekają do przestrzeni tkankowych i układów krwionośnych z powodu naruszenia bariery krwi jelitowej. Wzrost występowania archaicznych jelit spowodowany jest głodem mikroflory jelitowej wynikającym z diety o niskiej zawartości błonnika. Powoduje to zwiększenie wzrostu jelita grubego i zniszczenie klostridalnych skupisk i bakterioidów. Zwiększenie wzrostu jelita grubego w obecności głodu spowodowanego dietą o niskiej zawartości błonnika zjada wyściółkę śluzową i powoduje przełamania bariery krwi w jelitach. Archaiki jelita grubego przedostają się do krwioobiegu i wytwarzają endosymbiozę generując archaiki endosymbiotyczne oraz różne nowe organelle - fruktozoidy, steroidy, witaminocyty, wiroidelle, neurotransminoidy, porfirynoidy i glikozaminoglikoidy.

Ludzki mózg można uznać za zmodyfikowaną sieć kolonii archaicznych. Archaeony są wieczne i mogą trwać miliardy lat. Mózg ludzki jest w zasadzie systemem przechowywania informacji. Archaion ma dipolarny magnetyt i porfiryny i może funkcjonować jako komputer kwantowy. Archeologiczna kolonia z jego dipolarnego magnetytu i porfiryn w ustawieniach archeologicznych digoksyny indukowanej błony sodowo-potasowej inhibicji ATPazy potasowej może funkcjonować jako system pompowanego fononu pośredniczącego w postrzeganiu kwantowym. Archaeaeon w mózgu jest zdolny do przechowywania informacji w czasie i przestrzeni. Doświadczenia i informacje przechowywane w archaeaonie są nieśmiertelne i wieczne. Archaeaon może mieć istnienie cząstki fali i może istnieć w wielu stanach kwantowych możliwych i może zamieszkiwać wiele kwantowych wielościanów. Interakcja pomiędzy informacjami przechowywanymi w komputerach kwantowych w wielu różnych układach archaicznych we wszechświecie za pomocą oddziaływań kwantowych skutkuje wiecznym istnieniem informacji w wielościanach kwantowych. Informacja w wielościanach kwantowych może mieć cząstkowe istnienie, tworząc nowszy tryb przez kwantowe oddziaływania pomiędzy informacjami przechowywanymi w wielu punktach czasu. To tworzy cząstkowy mityczny świat ludzkiej egzystencji. Są one nazywane Samsarasem. Umysł jest przesyłany do informacji w sieci kolonii neuronów i jej kwantowych komputerach. Informacja przechowywana w sieci kolonii neuronów jest wieczna i może być uznana za cyfrową wersję mózgu, technikę pobierania umysłu lub emulację całego mózgu. Sieć kolonii archeologicznych przechowuje ludzkie doświadczenia w sposób odwieczny i może przyczynić się do biologicznej reinkarnacji.

Materiały i metody

Do badań wybrano trzy grupy, po 25 numerów w każdej z nich - populację autystyczną zdiagnozowaną według kryteriów DSM, normalną populację Nair i normalną populację spoza Nair. Badano charakterystykę matrilinową i antropometryczną neandertalczyków w populacji normalnej Nair i nienairskiej oraz w populacji autystycznej. Próbki krwi pobierano w stanie postu przed rozpoczęciem leczenia. Oceny przeprowadzone w pobranych próbkach krwi obejmowały aktywność cytochromu F420, cytochrom F420 oszacowano mącznikowo (długość fali wzbudzenia 420 nm i długość fali emisji 520 nm). Analiza statystyczna została wykonana przez ANOVA.

Wyniki

Wyniki badania przedstawiały się następująco. Nair oraz grupa osób z autyzmem i chorobami cywilizacyjnymi wykazywały zwiększoną aktywność cytochromu F420.

Tabela 1. Występowanie autyzmu w populacji Nair, autystycznej i nienairskiej

Grupy	Autyzm	Procent
Nair	68 przypadków	68
Inne niż Nair	32 przypadki	32
Razem	100	

Tabela 2. Cechy antropometryczne w populacji Nair, autystycznej i nienairskiej

Grupy	Neandertalska antropometryczna	Razem	Procent
Nair	72 przypadki	100	72
Inne niż Nair	21 przypadków	100	21
Autyzm	81 przypadków	100	81

Tabela 3. Metabolizm neandertalczyków

		Nair	Inne niż Nair	Autyzm	Wartość F	Wartość P
Cytochrom F 420	Mean	4.00	0.00	4.00	0.001	< 0.001
	± SD	0.00	0.00	0.00		

Dyskusja

Neandertalizacja jest zdarzeniem symbiotycznym ze względu na symbiozę archeologiczną. Neandertalczycy zwiększyli symbiotyczny wzrost aktynowców. Ma to miejsce w skrajnych warunkach klimatycznych, takich jak epoka lodowcowa i globalne ocieplenie. Homo neandertalczyk wyewoluował z bonobo naczelnych w wyniku tej symbiozy. Istnieje zwiększona neandertalizacja homo sapiens podczas globalnego ocieplenia wynikająca ze zwiększonego aktynowego wzrostu archeologicznego. Homo neandertalczyk nigdy nie wyginął, lecz przetrwał jako matrilinealista w dolnym regionie Eurazji. Pierwotne cywilizacje matrilinealne neandertalczyków to: harappańska, sumeryjsko-akadyjska, asyryjska, etruska, minojska, celtycka, baskijska, semicka, żydowska, arabska, australijska cywilizacja rdzennych mieszkańców. Wszystkie te cywilizacje są cywilizacją matrilinealną. Pierwotna cywilizacja neandertalska przetrwała jako Sudry niższej kasty Indii, Drawidianie, australijscy Aborygenowie, Persowie, Arabowie semiccy, Żydzi semiccy, Berberowie, Baskowie, Grecy, Celtowie i rodowici Amerykanie. Ludzie zamieszkujący te cywilizacje to grupy religijne, intuicyjne, kobiece, dziecięce, senne, senne, świadome wspólnoty, prymitywne socjalistyczne, bardziej seksualne. Przyzwyczajenia ciała tych populacji są krótsze, nachylone czoło, recesywny podbródek i bardziej sprawiedliwe w kolorze. Jest to przeciwieństwem populacji Cro-Magnona w północnej części Eurazji i Afryki. Populacje te są naukowe, logicznie myślące, patriarchalne, bardziej dorosłe, bardziej czuwające, faszystowskie i mniej seksualne. Populacje neandertalczyków zamieszkują obrzeże Oceanu Indyjskiego w Azji Południowej, Azji Zachodniej, jak również w regionie okołośródziemnomorskim. Neandertalczycy wywodzili się początkowo z mitycznego superkontynentu lemuryjskiego na Oceanie Indyjskim. Trzęsienia ziemi i tsunami na Oceanie Indyjskim doprowadziły do rozpadu superkontynentu i migracji neandertalczyków na Harappę, Sumerię, Egipt i Basków. Cywilizacja harappańska była w przeważającej mierze neandertalska. Są to asura opisane w Rig veda. Większość opisów w Rig veda odnosi się do asuras, przy czym bogowie z Rig vedic są w przeważającej mierze asuryjni. Sanskryt był prawdopodobnie językiem harappańskim. Dewy opisane w Rig veda były aryjskimi najeźdźcami Cro-Magnona. Wedycja opisuje trwający konflikt między asurami a dewasami. W końcu neandertalskie asurasy harappańskie zostały stłumione i podbite. Cromagnoniczni Aryjczycy, którzy podbili Harappę stali się górną kastą hinduskiej elity, a asury Harappan stały się dolną kastą sudras. Cro-Magnon Aryjczycy przejęli bogów asurycznych, Wedy i język i uczynili go swoim własnym. Harappańska cywilizacja asurów była niezwykle zaawansowana, a Aryjczycy Cro-Magnonowie byli prymitywnym plemieniem koczowniczym. Cro-Magnonowie pochodzili z Afryki i wyemigrowali do Eurazji. Ludność Cro-Magnona stłumiła populację neandertalczyków i próbowała ich eksterminować. Między ludnością Cro-Magnona a neandertalczykami dochodziło również do krzyżowania się i mieszania się. Współczesne społeczeństwa neandertalczyków znajdują się na periodyjskim obszarze oceanicznym Indii, Iranu i Arabów semickich. Zasiedlają one także obszar okołośródziemnomorski jako semiccy Żydzi, Berberowie, Baskowie i Celtowie. Dominującą ludnością Afryki i północnej Europy jest Cro-Magnon.

Istnieje odwieczny konflikt pomiędzy Neandertalczykami i Cro-Magnonem. Cro-Magnonowie próbowali eksterminować Neandertalczyków, ale przeżyli jako Żydzi, Arabowie, Indianie z niższej kasty, Aborygenowie i rdzenni Amerykanie. To są ludzie, których Cro-Magnon wykluczył ze społeczeństwa. Podklasa cywilizacji indyjskiej i europejskiej była neandertalczykiem. Wraz z nadejściem globalnego ocieplenia i rosnącą archeologiczną symbiozą, neandertalczycy uaktywniają się i próbują eksterminować Cro-Magnon. Symbiotyczne archaiczne archaiki generują nowe wirusy, które zarażają nieimmunologiczny Cro-Magnon i próbują je wytępić. Punkty zapalne globalnego konfliktu i terroryzmu mogą być zlokalizowane na terenach neandertalskich. Neandertalczycy dominują w trzech religiach świata - Żydach, muzułmanach i hinduistach. Cro-Magnonowie to przede wszystkim Afrykańczycy i Europejczycy. Wyznają oni religię chrześcijańską. Światowe konflikty toczą się zasadniczo między rasami neandertalskimi a rasami Cro-Magnonów. Przykładem tego jest żydowskie kierownictwo rewolucji rosyjskiej i francuskiej z jej ideą wolności, równości i braterstwa. Idee neandertalskie w zasadzie starały się stworzyć równe społeczeństwo. Buddyjski ruch i religia wśród religijnej niższej kasty Indii może być uważana za neandertalskie powstanie przeciwko aryjskiej dominacji Cro-Magnona. Obecne pogłoski w muzułmańskim świecie semickim, manifestujące się jako globalny terroryzm, są odzwierciedleniem neandertalskiego konfliktu Cro-Magnon. Konflikt ten jest w zasadzie pomiędzy ideami kolonizacji Cro-Magnona, kapitalizmu, globalizacji wolnego rynku, prawicowych, faszystowskich, nazistowskich idei, a neandertalskimi ideami równości, demokracji, wolności i socjalizmu. Cywilizacja Cro-Magnona produkuje coraz więcej gazów cieplarnianych, co prowadzi do zwiększenia endosymbiotycznego wzrostu archeologicznego. Endosymbiotyczny wzrost archeologiczny jest podstawą neandertalizacji. Neandertalizacja jest wydarzeniem symbiotycznym, a nie zmianą genetyczną. Powoduje ona ekspansję istniejących społeczeństw neandertalczyków - Semitów, Dravidów i południowych Europejczyków oraz wyginięcie fenotypu Cro-Magnon Aryan. Obecne obszary neandertalskie obejmują południową Europę, Indie, Iran, Półwysep Arabski, żydowską ojczyznę i australijskich aborygenów. Obszary Cro-Magnon obejmują Europę i Afrykę.

Neandertalczycy dominowali w móżdżku. Móżdżek zajmuje się intuicją i pozazmysłowymi zjawiskami percepcyjnymi. Neandertalczycy byli odporni na retroviral. Archaika metabolizuje cholesterol i generuje digoksynę, która wytwarza błonową inhibicję ATPazy potasowo-sodowej i wewnątrzkomórkowy niedobór magnezu. Niedobór magnezu powoduje hamowanie odwrotnej transkryptazy. Digoksyna sama moduluje edycję RNA. Oporność retrowirusowa prowadzi do niedoboru endogennych sekwencji retrowirusowych. Endogenne sekwencje retrowirusowe funkcjonują jako skokowe geny wymagane do dynamiki połączeń synaptycznych. Dynamiczna łączność synaptyczna jest wymagana dla funkcji korowej. Kora mózgowa jest dysfunkcyjna u neandertalczyków, co prowadzi do dominacji w móżdżku. Neandertalczycy zamieszkują świat móżdżku. Populacja neandertalczyków jest psychodeliczna, duchowa, senna, bardziej kobieca, intuicyjna, równa i dominująca. Oni mieli wspólne życie. Byli hiperseksualni i rozwiązli. Można je porównać do małp bonobo. Były matriarchalne i dominujące samice. Są dziecinne, mają sen senny, senny, altruistyczny i potulny. Populacja neandertalczyków wierzyła w życie wspólnotowe i miała hiperseksualne zachowania. Nieprzytomny umysł dominował u neandertalczyków. Mieli prekoncepcję i postpoznanie. Mieli telepatię i jasnowidzenie. Mogli mieć mediumistyczne posiadanie i mogli przejść w regresję hipnotyczną. Mieli zjawisko poltergeist, osobowość zbiorową, osobowość wieloraką, zjawisko porywania obcych osobowości, pamięć o przeszłym życiu, inkub i sukubus. Mieli magiczną cywilizację snów. Były subiektywne, osobiste, emocjonalne, irracjonalne i senne. Woleli ciemności i noce. Mieli więcej autyzmu i schizofrenii. Mieli więcej nadpobudliwości i uzależnienia od uwagi. Byli magiczni, mieli dominującą sztukę, a religia była seksualna i wierzyli w rzeczy bez dowodów. Wiara była intuicyjna. Mieli szamańską i magiczną świadomość. Neandertalczycy byli leworęczni, dominowała prawa półkula/cerebella. Były to istoty zmysłowe i tworzyły duchową senną cywilizację. Byli dziećmi ciemności. Samotny stary mózg wampirów, troglodytów, demonów i okultystów należy do Neandertalczyków. Dominacja i hipertrofia móżdżku prowadzi do dysfunkcji móżdżku i ataksji mowy, a także ruchów ruchowych. Ataksja mowy prowadzi do ewolucji muzyki. Ataksja ruchów ruchowych prowadzi do sztuki abstrakcyjnej. Tak więc mózg neandertalczyka z jego pozazmysłową percepcją jest niezwykle artystyczny. Digoksyna i dipolarny magnetyt w ustawieniu błony sodowo-potasowej inhibicji ATPazy produkuje pompowany system fononowy modulujący percepcję kwantową. Ilościowe zjawiska percepcji są dominujące w neandertalach. Prowadzi to do zwiększonej percepcji pozazmysłowej. Wywołuje to również uczucie jedności i równości zwane zbiorową nieświadomością. Prowadzi to do socjalistycznego równego społeczeństwa neandertalskiego. Neandertalczycy byli również bardziej duchowi i nieświadomi. Dysfunkcja korowa prowadzi do utraty różnicowania półkulistego i różnicowania płciowego. Prawa półkula jest w przeważającej mierze męska, a lewa żeńska. Prowadzi to do zachowań aseksualnych, a dominacja móżdżku prowadzi do hiperseksalności. Populacja Cromagnona wierzyła w łączenie się par i wzorce rodzinne. Były one bardziej gwałtowne i agresywne. Były patriarchalne i zdominowane przez mężczyzn. Byli dorośli i logiczni. Mieli tendencje prawicowe i faszystowskie. Byli konserwatywni w swoich praktykach seksualnych. Byli świadomi, egoistyczni, budzący się, męscy dominujący, faworyzowali światło, obiektywni, bezosobowi i okrutni. Świadomy, logiczny mózg dominował. Polegały one na dowodach, logika była oderwana, aseksualny i dominujący mężczyzna. Cro-Magnonowie dominowali głównie na lewą półkulę i praworęczni ludzie praktyczni. Stworzyli materialną cywilizację. Mieli racjonalną świadomość. Byli dziećmi światła.

Globalne ocieplenie powoduje endosymbiotyczny wzrost archeologiczny i neandertalizację homo sapiens. Wszystko to wytwarza dualistyczną świadomość. Lewe skrzydło kontra prawe i konserwatywne kontra liberalne. Produkuje podwójne "ja" i podzielone "ja". Skutkuje to osobowością Caine'a i Abla, a także Jekyll'a i Hyde'a. Neandertalczycy mieli pochylone czoło, małą szczękę, bułkę potyliczną i dużą czaszkę. Ich wzrost był krótszy, a masa ciała większa. Mózg Neandertalczyków był większy. Drugi palec stopy był większy od dużego palca. Miały fałdę simiańską. Homo sapiens mieli mniejszy mózg i mniejszą czaszkę. Byli wyżsi. [1-17]

Referencje

1. Weaver TD, Hublin JJ. Neandertal Birth Canal Shape and the Evolution of Human Childbirth. *Proc. Natl. Acad. Sci. USA* 2009; 106:8151-8156.
2. Kurup RA, Kurup PA. Endosymbiotic Actinidic Archaeal Mediated Warburg Phenotype Mediates Human Disease State. *Advances in Natural Science* 2012; 5(1):81-84.
3. Morgan E. The Neanderthal theory of autism, Asperger and ADHD; 2007, www.rdos.net/eng/asperger.htm.
4. Graves P. New Models and Metaphors for the Neanderthal Debate. *Current Anthropology* 1991; 32(5): 513-541.
5. Sawyer GJ, Maley B. Neanderthal zrekonstruowany. *The Anatomical Record Part B: The New Anatomist* 2005; 283B(1):23-31.
6. Bastir M, O'Higgins P, Rosas A. Facial Ontogeny in Neanderthals and Modern Humans. *Bastir M, O'Higgins P, Rosas A. Ontogeneza twarzy u neandertalczyków i współczesnych ludzi. Sci.* 2007; 274:1125-1132.
7. Neubauer S, Gunz P, Hublin JJ. Endocranial Shape Changes during Growth in Chimpanzees and Humans: Analiza morfometryczna Unique and Shared Aspects. *J. Hum. Evol.* 2010; 59:555-566.
8. Courchesne E, Pierce K. Brain Overgrowth in Autism during a Critical Time in Development: Implikacje dla rozwoju Neuronu Piramidalnego i Interneuronu i łączności. *Int. J. Dev. Neurosci.* 2005; 23:153–170.
9. Green RE, Krause J, Briggs AW, Maricic T, Stenzel U, Kircher M, Patterson N, Li H, Zhai W, *et al*. A Draft Sequence of the Neandertal Genome. *Science* 2010; 328:710-722.
10. Mithen SJ. *The Singing Neanderthals: The Origins of Music, Language, Mind and Body*; 2005, ISBN 0-297-64317-7.
11. Bruner E, Manzi G, Arsuaga JL. Encephalization and Allometric Trajectories in the Genus Homo: Dowody z linii neandertalskiej i nowoczesnej. *Proc. Natl. Acad. Sci. USA* 2003; 100:15335-15340.
12. Gooch S. *The Dream Culture of the Neanderthals: Strażnicy Starożytnej Mądrości.* Inner Traditions, Wildwood House, Londyn; 2006.
13. Gooch S. *The Neanderthal Legacy: Obudzenie naszych genetycznych i kulturowych korzeni.* Inner Traditions, Wildwood House, Londyn; 2008.
14. Kurtén B. *Den Svarta Tigern*, ALBA Publishing, Stockholm, Sweden; 1978.

15. Spikins P. Autyzm, Integracja "Różnicy" i Pochodzenie Nowoczesnego Zachowania Człowieka. *Cambridge Archaeological Journal* 2009; 19(2):179-201.

16. Eswaran V, Harpending H, Rogers AR. Genomika odrzuca wyłącznie afrykańskie pochodzenie człowieka. *Journal of Human Evolution* 2005; 49(1):1-18.

17. Ramachandran V.S. The Reith wykłada, BBC Londyn. 2012.

ROZDZIAŁ 7
HOMO NEANDERTHALIS I DRAVIDIANS - WSPÓLNE POCHODZENIE I ZWIĄZEK Z CYWILIZACJĄ HARAPOŃSKĄ I WEDAMI

Wprowadzenie

Postulowana lemurska część subkontynentu indyjskiego w Indiach Południowych jest zamieszkiwana przez dominującą społeczność Nair. Dominująca społeczność Nair ma również wysoką częstość występowania autyzmu. Neandertalskie cechy antropometryczne zostały opisane w autyzmie. Metabonomia neandertalska została również opisana w autyzmie. Jest możliwe, że homo neandertalczyk pochodziłby z superkontynentu, który zajmował południowy ocean. Wyspa Sumatra jest domem dla innego gatunku ludzkiego homo floresiensis, który żył razem z homo neanderthalis. Sugeruje to oceaniczne pochodzenie homo neanderthalis na superkontynencie w południowym oceanie. Powtarzające się tsunami wymusiłyby migrację homo neandertalczyków do euroazjatyckiej masy lądowej, zwłaszcza do Harappy, Sumerii, Erytruzji, Egiptu i Kraju Basków. W populacji Basków występuje duża ilość genów neandertalczyków. Język używany w Harappie, Sumerii, Erytruzji, Egipcie i Kraju Basków miał podłoże Dravidowskie. Populacja na tych terenach jest matrilinealna i dominująca wśród kobiet. Sugeruje to hipotezę z Oceanii o pochodzeniu homo neanderthalis. [1-13]

Materiały i metody

Cechy antropometryczne neandertalczyków były oceniane w środowisku Nair i w autyzmie. Sprawdzane parametry obejmują czaszkę delichocefalistyczną, wydatny grzbiet nadoczodołowy i środkową twarz duże płaskie proporcje nosa i pierścieniowego palca wskazującego.

Wyniki

Gmina Nair miała wysokie wskaźniki antropometryczne neandertalczyków. Cechy antropometryczne neandertalczyków dominowały również w autyzmie.

Tabela 1. Występowanie autyzmu w populacji Nair, autystycznej i nienairskiej

Grupy	Autyzm	Procent
Nair	68 przypadków	68
Inne niż Nair	32 przypadki	32
Razem	100	

Tabela 2. Cechy antropometryczne w populacji Nair, autystycznej i nienairskiej

Grupy	Neandertalska antropometrycz na	Sprawy ogółem	Procent
Nair	72 przypadki	100	72
Inne niż Nair	21 przypadków	100	21
Autyzm	81 przypadków	100	81

Dyskusja

Neandertalskie cechy antropometryczne obserwowano w autyzmie, a społeczność Nairu dominująca w części subkontynentu indyjskiego wywodzącej się z Lemurii. Sugeruje to, że lemuryjskie superkontynentalne pochodzenie homo neandertalczyków. Homo neanderthalis dzielił superkontynent lemurski z innym gatunkiem ludzkim zwanym homo floresiensis. Homo floresiensis został wykryty na wyspie Sumatra w Indonezji. Społeczność Nair dominuje na wybrzeżu Kerala w południowych Indiach. Społeczność Nair jest matrilineal i Dravidian. Istnieją inne cywilizacje mówiące językiem Dravidian ważnym w ewolucji człowieka, takie jak Harappa, Sumeria, Etruzja, Egipt i kraj Basków. Te cywilizacje mogą mieć neandertalskie podłoże. Wyemigrowałyby one do Euroazjatyckiej masy lądowej z lemuryjskiego superkontynentu, gdy został on zniszczony przez tsunami na Oceanie Indyjskim. Tsunami rozwinęłyby się z powodu zarastania archeologicznego południowego oceanu podczas epoki lodowcowej. Archaeowie są ekstremistami. Archeologiczne zarastanie dna Oceanu Indyjskiego w epoce lodowcowej spowodowałoby uwolnienie metanu. Spowodowałoby to ruch skorupy ziemskiej, trzęsienia ziemi i tsunami. Ten sam endosymbiotyczny wzrost archeologiczny doprowadziłby do ewolucji homo neandertalczyków. Metabolizm endosymbiotyczny u ssaków naczelnych doprowadziłby do powstania gatunku homo neanderthalis. Homo neanderthalis przyczynił się do rozwoju cywilizacji Harappy, Sumerii, Etrusków, Egiptu, Basków i Celtów. Wszystkie one były matrilineal z równością płci. Mieli symboliczny język w przeważającej mierze bezgłosowy. Muzyka, taniec i malarstwo jako forma komunikacji były dominujące w tych społeczeństwach. Przykładem tego jest język harappański, w którym dominowały foki harappańskie i egipskie hieroglify. Koncepcja duchowości ewoluowała w tych społeczeństwach, w tym kult matki bogini.

Udokumentowano zwiększoną częstość występowania autyzmu w społeczności Dravidian Nair. Dzieci z autyzmem i populacja Nair mają zazwyczaj cechy antropometryczne neandertalczyków. Południowoindyjska masa lądowa była częścią lemuryjskiego superkontynentu w indyjskim i południowym oceanie, który został zniszczony przez gigantyczne tsunami, a ludność zamieszkująca superkontynent jest reprezentowana przez ludność Dravidian w południowych Indiach. Ludność, która wyemigrowała z masywu lemuryjskiego, udała się do Euroazjatyckiej masy lądowej tworząc miejskie cywilizacje Harappa-Mohenjo-Daro, Sumeria, Etruskia, Basków, Celtów i Egiptu. Wszystkie te starożytne cywilizacje były co-terminus i istniały w tym samym czasie co najmniej 10.000 lat przed naszą erą. Cywilizacja Harappa-Mohenjodaro jest uważana za Dravidian, a skrypt Harappan został zdekodowany i uznany za Akkadyjsko-Dravidiański. Wszystkie cywilizacje Harappa-Mohenjo-Daro, Sumeria, Etruskia, Basków, Celtów i Egiptu mówiły językiem akkadyjsko-dravidiańskim. Jak wykazano, społeczność Dravidian Nair ma cechy antropometryczne neandertalczyków i neandertalską metabolomikę. Wszystkie wyżej wymienione cywilizacje mają możliwe pochodzenie neandertalskie. Postuluje się, że społeczność Drawidów rozwinęła się na kontynencie lemuriańskim.

Homo neandertalczyk wyewoluowałby na lemurskim superkontynencie w Oceanie Indyjskim i Południowym w okresach ekstremalnych warunków pogodowych. Podczas epoki lodowcowej i okresów globalnego ocieplenia, w organizmie człowieka i ekosystemach oceanicznych rośnie archaiczny archaizm ekstremofilny. Rosnący wzrost archaiki w dnie oceanu prowadzi do uwalniania metanu, który wywołuje katastrofalne trzęsienia ziemi w oceanach. Powoduje to powstawanie fal tsunami w Oceanie Indyjskim, a jedno z nich zniszczyłoby lemurską masę lądową, wywołując masowy exodus. Byłaby to podstawa mitów o powodziach w historii. Rosnący wzrost katabolizujących archaiki cholesterolu u ssaków naczelnych prowadzi do ewolucji homo neandertalczyków. Archaile wiążą się z receptorem żniwnym wywołującym HIF alfa hamującym funkcje mitochondrialne i zwiększającym glikolizę. Archealny katabolizm cholesterolu powoduje zubożenie cholesterolu i niedobór kwasu żółciowego. Oba te czynniki indukują zespół metaboliczny i insulinooporność prowadzącą do otyłości pnia i fenotypu neandertalskiego. Niski poziom cholesterolu prowadzi do niedoboru witaminy D i krzywicy, generując fenotyp neandertalczyka o charakterystycznych cechach antropometrycznych. Katabolizm cholesterolowy i utlenianie pierścieni prowadzi do generowania pirogronianu, który przenoszony jest na ścieżkę bocznicową GABA. Generuje on glicynę i sukcynyl CoA syntetyzujące porfiryny, które są cząsteczkami dipolarnymi. Katabolizm cholesterolowy generuje digoksynę, która hamuje błonową ATPazę potasowo-sodową i produkuje kondensat Bose-Einsteina poprzez porfiryny dipolarne indukujące odbiór ilościowy. Indukowana digoksyną błonowa inhibicja błonowej ATPazy potasowo-sodowej zubaża komórkę magnezu hamując aktywność odwrotnej transkryptazy i generację HERV. HERV wytwarza elastyczność genomową, a jej brak prowadzi do zanikania kory przedczołowej. Porfiryna indukuje kwantowe postrzeganie niskiego poziomu EMF, co również prowadzi do zaniku kory przedczołowej. W fenotypie neandertalskim dominuje móżdżek, co prowadzi do zwiększonej intuicyjności, postrzegania kwantowego, duchowości, ducha wspólnoty, współczucia, równości i poczucia jedności ze środowiskiem. W ten sposób fenotyp neandertalczyka ewoluowałby na kontynencie lemuriańskim z dołączoną do niego masą lądową Antarktydy w epoce lodowcowej. Neandertalczycy rozwinęliby się dzięki podobnemu mechanizmowi w okresie globalnego ocieplenia. Ewolucja w pobliżu antarktycznej części Lemurii i malejąca dostępność światła słonecznego przyczyniłyby się do jasnego koloru skóry neandertalczyków. Neandertalczycy po zniszczeniu superkontynentu lemuryjskiego wyemigrowaliby do Harappa-Mohenjodaro, Sumerii, Etiruzji, Basków, Celtów i Egiptu tworząc globalną cywilizację Dravidian. Cywilizacja ta miała język, była duchowa, miała równość płci i równość społeczną. Była to również kreatywna cywilizacja miejska w Harappa-Mohenjodaro, Sumerii, Etiruzji, Basku, Celtach i Egipcie.

Harappa-Mohenjo-Daro, Sumeria, Etruskia, Basków, Celtów i Egipt są w zasadzie Drawidowskie i neandertalskie. Cywilizacja harappańska była więc podobnie neandertalska i drawidowska. Pierwotnymi mieszkańcami Harappy byli asurowie i to właśnie oni są neandertalczykami Drawidowskimi. Rig veda miała pochodzenie harapańskie. The główny Bóg the Rig veda być Varuna- the Bóg the Oceans. Taki koncepcja rozwijać tylko w ziemia masa otoczony ocean i w ocean podróżnik sugerować neandertalczyk Dravidian początek Rig veda. Scenariusz Indusa został rozszyfrowany i ma mieć charakter logograficzny i być pochodzenia akadyjsko-dravidyjskiego. Cywilizacja Harappan miała więc język, religię Rig vedic, prawa i została zurbanizowana. The Harappan cywilizacja pochodzić wewnątrz i składać się z Neandertalczyk Drawidiusz migrować od Lemuria niszczyć tsunami. Była to cywilizacja siostrzana w stosunku do innych neandertalskich cywilizacji Drawidów z Sumerii, Etiruzji, Basków, Celtów i Egiptu. Była ona częścią globalnej cywilizacji Drawidów.

Rig veda zawiera koncepcje walki pomiędzy asuryjnymi neandertalczykami z Harappy a najeżdżającymi homo sapien devas. Homo sapien devas miał inną strukturę mózgu z dominującym płatem przedczołowym i mniejszym móżdżkiem. Wyewoluowały one z Afryki, a pokolenie HERV doprowadziło do powstania dynamicznej, dużej kory przedczołowej. Fenotypowo różniły się od asurycznych neandertalczyków Dravidiańskich. Neandertalczycy asuryjni byli hodowani z językiem, religią, prawami i organizacją społeczną. The asuric Dravidian Neanderthals być matrilineal. Byli bardziej równoprawni pod względem płci z alternatywnymi sposobami zachowań seksualnych. Neandertalczycy asuryjni byli społecznie równi z prymitywnym typem komunizmu. Homo sapien devas nie mieli języka, praw ani religii i byli stosunkowo niecywilizowani. Byli bardziej patriarchalni i męscy dominujący. Inwazja homo sapien deva na neandertalskie społeczeństwo harappańskie doprowadziła do powstania neandertalskich hybryd, które otrzymały swoją religię i język, a także cywilizowane zachowanie od neandertalczyków harappańskich. Podstawy ludzkiej kreatywności mogą być związane z tą interakcją między neandertalczykami a homo sapien Devas. The Rig veda być zasadniczo Dravidian neandertalczyk pochodzenie. Pierwotny język globalny był akkadyjsko-dravidiański. Język sanskrycki jest modyfikacją skryptu akkadyjsko-dravidiańskiego. Inwazja homo sapien deva doprowadziła do upadku globalnej cywilizacji Drawidów: Harappa-Mohenjodaro, Sumeria, Etruskia, Basków, Celtów i Egiptu. Wielkie religie świata: judeochrześcijańska, muzułmańska i hinduska są w zasadzie drawidowskimi neandertalczykami i semitami. Społeczność neandertalczyków drawidowskich migrujących z Lemurii była podstawą wspólnoty semickiej i religii semickich na świecie. Mózg neandertalczyka był przystosowany do odbioru kwantowego i duchowości.

W obecnej sytuacji globalnego ocieplenia obserwuje się wzmożony rozwój archaiczny w układzie ludzkim i neandertalizację człowieka. Neandertalczycy powrócili, a ludzki mózg staje się neandertalczykiem w zachowaniu i funkcji. Jest to odpowiedzialne za wzrost fali autyzmu, schizofrenii i zespołu metabolicznego X na świecie.

Aktynowce metali dostarczają energii radiolitycznej, katalizują tworzenie oligomerów i dostarczają jonów koordynacyjnych dla metalloenzymów, które są ważne w abiogenezie. Powierzchnie aktynowców metalicznych poprzez metabolizm powierzchniowy generowałyby octan, który mógłby zostać przekształcony w acetyl CoA, a następnie w cholesterol, który funkcjonuje jako pierwotna cząsteczka prebiotyku, organizując się w samoreplikujące się układy nadcząsteczkowe - organizm lipidowy. Cholesterol w wyniku radiolizy przez aktynowce tworzyłby WWA generujące WWA organizm aromatyczny. W wyniku radiolizy cholesterolu powstałyby pirogronian, który zostałby przekształcony w aminokwasy, cukry, nukleotydy, porfiryny, kwasy tłuszczowe i kwasy TCA. Powierzchnie anastazowe i rutylowe mogą wytwarzać polimeryzację aminokwasów, pozostałości izoprenylu, WWA i nukleotydów, aby wygenerować początkowy organizm lipidowy, organizm WWA, priony i wiroidy RNA, które symbiotycznie generowałyby archeologiczne protocele. Archaiki wyewoluowały w bakterie gram-ujemne i gram-dodatnie o szlaku mewalonatowym, który miał przewagę ewolucyjną, a symbioza archaiki z organizmem gram-ujemną generowała komórkę eukariotyczną. Dane te potwierdzają utrzymywanie się aktynowców i cholesterolu w biosferze cieni, która rzuca światło na aktynowców i cholesterolu jako pierwszej cząsteczce prebiotycznej. Obecność złóż plazmy i piasków mineralnych zawierających monazyt, illmenit, rutyl i tor w superkontynencie lemuriańskim uczyniłaby go idealnym miejscem do rozwoju komórek prymitywnych, nanoarchaea, eukariontu, eukariontu wielokomórkowego, naczelnych i ludzi. Badania antropologiczne dostarczyły dowodów na ewolucję ssaków naczelnych i homo sapiens w dolinie szczelinowej Kenii w części prehistorycznego kontynentu lemuryjskiego.

Archaea mogą syntezować magnetyt poprzez biomineralizację. Archaiczny katabolizm cholesterolu może generować PAH. Archaiki mogą istnieć jako nanoarchaiki i mogą mieć zwapniałe nanoformy. Aktynoidalne nanoarchaea magnetotaktyczne i ich wydzielane organizmy WWA są ekstremofilami i przetrwają w przestrzeni międzygwiezdnej oraz mogą przyczyniać się do powstawania ziaren międzygwiezdnych i pól magnetycznych, które odgrywają rolę w tworzeniu galaktyk i układów gwiezdnych. Ziarna pyłu kosmicznego zajmują przestrzeń międzygalaktyczną i są uważane za utworzone z bakterii magnetotaktycznych zidentyfikowanych według ich sygnatur spektralnych. Zgodnie z hipotezą Hoyle'a, bakterie magnetotaktyczne pyłu kosmicznego odgrywają rolę w powstawaniu międzygalaktycznego pola magnetycznego. Pole magnetyczne o sile równej około jednej milionowej części pola magnetycznego Ziemi istnieje w dużej części naszej galaktyki. Pliki magnetyczne mogą być wykorzystywane do śledzenia spiralnych ramion galaktyki według wzoru linii pola łączących młode gwiazdy i pył, w których w szybkim tempie powstają nowe gwiazdy. Badania wykazały, że ułamek cząstek pyłu ma wydłużony kształt podobny do pałeczek i są one systematycznie układane w naszej galaktyce. Ponadto kierunek wyrównania jest taki, że długie osie pyłu mają tendencję do znajdowania się pod kątem prostym do kierunku galaktycznego pola magnetycznego w każdym punkcie. Bakterie magnetostatyczne mają tę właściwość, że wpływają na obserwowany stopień wyrównania. Fakt, że bakterie magnetotaktyczne wydają się być połączone z liniami pola magnetycznego, które przenikają przez spiralne ramiona galaktyki łączące jeden region powstawania gwiazdy z innym, wspiera ich rolę w formowaniu gwiazd oraz w rozkładzie i rotacji masy gwiazd. Zapotrzebowanie na substancje odżywcze dla populacji bakterii międzygwiezdnych pochodzi z masy wypływającej z supernowych zamieszkujących galaktykę. Giganty powstające w procesie ewolucji takich gwiazd doświadczają zjawiska, w którym materiał zawierający azot, tlenek węgla, wodór, hel, wodę i pierwiastki śladowe niezbędne do życia stale wypływa w przestrzeń kosmiczną. Bakterie międzygwiezdne potrzebują płynnej wody. Woda istnieje tylko jako para lub ciało stałe w przestrzeni międzygwiezdnej i tylko poprzez tworzenie się gwiazd prowadzących do powiązanych z nimi planet i ciał kometarnych można uzyskać dostęp do ciekłej wody. Kontrola warunków prowadzących do powstawania gwiazd ma ogromne znaczenie w biologii kosmicznej. Szybkość tworzenia się gwiazd jest kontrolowana przez dwa czynniki. Zbyt wysokie tempo tworzenia się gwiazd powoduje destrukcyjne działanie promieniowania UV i niszczy biologię kosmiczną. Tworzenie się gwiazd, jak już wcześniej wspomniano, wytwarza wodę niezbędną do rozwoju bakterii. Biologia kosmiczna bakterii magnetotaktycznych i tworzenie się gwiazd są zatem ściśle powiązane. Systemy takie jak systemy słoneczne nie powstają w wyniku przypadkowej kondensacji plam gazu międzygwiezdnego. Tylko poprzez rygorystyczną kontrolę rotacji różnych części systemu, galaktyki i układ słoneczny mogłyby ewoluować. Klucz do utrzymania kontroli nad rotacją wydaje się leżeć w międzygalaktycznym polu magnetycznym, jak w rzeczywistości całe zjawisko powstawania gwiazd. Międzygalaktyczne pole magnetyczne zawdzięcza swoje pochodzenie okładzinom bakterii magnetotaktycznych, a kosmiczna biologia bakterii międzygwiezdnych może prosperować tylko poprzez utrzymanie silnej kontroli nad międzygwiezdnym polem magnetycznym, a tym samym nad tempem formowania się gwiazd i rodzajem wytwarzanego systemu gwiezdnego. To wskazuje na kosmiczną inteligencję lub mózg zdolny do obliczenia, analizy i eksploracji wszechświata na dużą skalę - sieci bakterii magnetotaktycznych. Pochodzenie życia na Ziemi zgodnie z hipotezą Hoyle'a polegałoby na wysiewaniu bakterii z zewnętrznej przestrzeni międzygalaktycznej. Komety przenoszące mikroorganizmy wchodziłyby w interakcję z Ziemią. Cienka skóra z grafityzowanego materiału wokół pojedynczej bakterii lub kępy bakterii może osłonić wnętrze przed zniszczeniem przez promieniowanie UV. Nagły gwałtowny wzrost i zróżnicowanie gatunków roślin i zwierząt oraz ich równie nagłe wyginięcie widoczne w zapisach kopalnych wskazują na sporadyczną ewolucję wytwarzaną przez indukcję świeżych genów kometarnych wraz z pojawieniem się każdej większej nowej uprawy komet. Międzygwiezdny organizm aromatyczny WWA tworzy się z katabolizmu cholesterolu nanoarchaealicznego. WWA i cholesterol są międzygwiezdnymi cząsteczkami pierwotnymi prebiotyków. Organizm aromatyczny WWA i nanoarchaealny magnetyt mogą mieć falowo-cząsteczkowe istnienie i łączyć świat bozonów i fermionów. Nanoarchaea może tworzyć biofilmy, a aromatyczny organizm WWA może tworzyć w biofilmie kwantową chmurę molekularną, która tworzy inteligencję międzygwiezdną regulującą tworzenie się układów gwiezdnych i galaktyk. Załadowane magnetytem biofilmy nanoarchaealne i kwantowe chmury obliczeniowe organizmów aromatycznych PAH mogą stanowić pomost pomiędzy falowo-cząsteczkowym światem funkcjonującym jako obserwator antropiczny wyczuwający grawitację, który zarządza redukcją kwantowego świata możliwości do świata makroskopowego. Nanoarchaea oparta na aktynowcach może regulować obieg węgla w ziemi poprzez metanogenezę, obieg azotu poprzez utlenianie amoniaku i tworzenie się deszczu poprzez wkład w jądro siewne. Temperatura ziemi oraz globalne ocieplenie i chłodzenie są regulowane przez nanoarchaeal syntetyzowane WWA z cholesterolu i metanogenezy. Zwiększony wzrost nanoarchaealiczny w dnie oceanu i glebie prowadzi do zwiększonej produkcji metanu i ruchu skorupy ziemskiej produkującej tsunami i potężnego trzęsienia ziemi prowadzącego do katastrofalnego masowego wyginięcia. Ten nanoarchaealny wzrost na dnie oceanu południowego i dnie oceanu indyjskiego spowodowany globalnym ociepleniem spowodowanym postępem cywilizacyjnym i działalnością człowieka doprowadziłby do wybuchów metanu na dnie oceanu, które przyczyniłyby się do masowych trzęsień ziemi prowadzących do tsunami. Doprowadziłoby to do katastrofalnego zniszczenia superkontynentu lemuryjskiego. Migracja ocalałych lemurów do subkontynentu indyjskiego Indus, doliny Nilu i doliny Mezopotamii przyczyniłaby się do powstania cywilizacji harappańskiej, sumeryjskiej i egipskiej, które ewoluowały w tym samym okresie historii ludzkości. Odwieczne nanoarchaea przetrwały i ponownie rozpoczęły cykl ewolucji. Oparty na aktynowcach nanoarchaea reguluje ludzki system i biologiczny wszechświat.

Aktynowy wzrost nanoarchaealii doprowadziłby do wybuchów metanu w dnie oceanu, przyczyniając się do trzęsień ziemi i tsunami, które doprowadziłyby do wyginięcia superkontynentu lemuryjskiego. Wspiera on również abiogenezę na radioaktywnych aktynowych piaskach plażowych poprzez proces metabolizmu powierzchniowego. Daje to wsparcie dla roli archaicznych aktynowców jako trzeciego elementu kontrolującego życie i jego rolę w ewolucji wielokomórkowego eukariontu, naczelnych i ludzi. Cywilizacji i ludzi będzie ewoluować w złóż placki i aktynowców bogate piasku prehistorycznego lemuryjskiego superkontynentu w Indiach i Oceanie Południowym.

Zwiększone występowanie cech antropometrycznych neandertalczyków w środowisku Nair i autyzmu sugeruje lemurskie pochodzenie homo neandertalczyków. Sugeruje to hipotezę oceanograficzną dla homo neandertalczyków z późniejszą migracją do mas ziemi euroazjatyckiej w wyniku zniszczenia superkontynentu przez tsunami. Fala tsunami zostałaby wytrącona przez wzmożony wzrost archeologiczny w dnie oceanu i ruchy w skorupie ziemskiej wywołane przez uwolniony metan. Homo neanderthalis powstało również w wyniku zwiększonego endosymbiotycznego wzrostu archeologicznego aktynowców.

Referencje

1. Adam Z. (2007). Actinides and Life's Origins, *Astrobiology*, 7, 6-10.
2. Schoner W. (2002). Endogenous cardiac glycosides, a new class of steroid hormones, *Eur J Biochem*, 269, 2440-2448.
3. Eckburg P.B., Lepp, P.W., Relman, D.A. (2003). Archaea and their potential role in human disease, *Infect Immun*, 71, 591-596.
4. Davies P.C.W., Benner, S.A., Cleland, C.E., Lineweaver, C.H., McKay, C.P., Wolfe-Simon, F. (2009). Podpisy Shadow Biosphere, *Astrobiology*, 10, 241-249.
5. Russell M.J., Martin, W. (2004). The rocky roots of the acetyl-CoA Pathway, *Trends in Biochemical Sciences*, 29, 7.
6. Margulis L. (1996). Archaeal-eubacterial mergers in the origin of Eukarya: phylogenetic classification of life, *Proc Natl Acad Sci USA*, 93, 1071-1076.
7. Tielens A.G.G.M. (2008). Interstellar Polycyclic Aromatic Hydrocarbon Molecules, *Annual Review of Astronomy and Astrophysics*, 46, 289-337.
8. Wickramasinghe C. (2004). The universe: a kriogenic habitat for microbial life, *Cryobiology*, 48(2), 113-125.

9. Hoyle F., Wickramasinghe, C. (1988). *Cosmic Life-Force*. Londyn: J.M. Dent and Sons Ltd.

10. Dun D. (2005). *The Black Silent*. Nowy Jork: Pinnacle Books.

11. Ramaswamy S. (2004). *The Lost Land of Lemuria: Wspaniałe geografie, katastroficzne historie*. Los Angeles: Handel papierami.

12. Neild, Ted (2007). *Superkontynent: Dziesięć miliardów lat w życiu naszej planety*. Boston: Harvard University Press.

13. Shengde, Malathi (2013). *Od Akkadyjczyka do Sanskrytu - dekodowanie Indus Script*. Londyn: Centrum Nehru.

ROZDZIAŁ 8
PLEMIĘ MĘSKICH EUNUCHÓW - SEKSUALNOŚĆ U NEANDERTALCZYKÓW I NEONEANDERTALCZYKÓW

Wprowadzenie

Neandertalskie geny zostały opisane w populacji homo sapien. Mózg neandertalczyka ma wybitną korę mózgową i małą korę przedczołową. Skutkuje to wadliwą wokalizacją, mową symboliczną, zachowaniami impulsywnymi, cechami obsesyjnymi, intuicją i pozazmysłową percepcją. Struktura neandertalskiego mózgu powoduje dominację kobiet i matriarchalne wzorce społeczne. Uznano za prawdopodobne, że genomika neandertalska i metabolonomia mogą również przyczyniać się do zachowań androgynicznych. Pacjenci z autyzmem mają tendencję do posiadania neandertalskiej metabolomiki i fenotypu. Wykazano, że fenotyp neandertalczyka jest spowodowany symbiozą przez archaiki aktynowców używających cholesterolu jako substratu energetycznego. Archaiki aktynowców katabolizują cholesterol przy użyciu pierścienia A, który jest utleniany do pirogronianu i kierowany na ścieżkę bocznicową GABA, co prowadzi do powstania glicyny i sukcynylu CoA. Prowadzi to do syntezy porfiryn. W wyniku utleniania łańcucha bocznego powstają krótkołańcuchowe kwasy tłuszczowe. Cholesterol jest również przekształcany w estrogeny steroidogenne i testosteron. Rosnący wzrost archaiki aktynowców przekształca metabolity organizmu w cholesterol, który jest następnie utleniany i uszczuplany. Cholesterol jest również przekształcany przez archaiki aktynowców do endogennej digoksyny, która pomaga w integracji układu neuro-immuno-endokrynnego. Digoksyna wytwarza inhibicję ATPazy potasowo-sodowej i zwiększa wewnątrzkomórkową syntazę tlenku azotu indukującą wapń oraz heme-tlenazę generującą gazotransmitery tlenek azotu i tlenek węgla, które są ważne w skurczu mięśni gładkich i funkcji autonomicznej. [1-16] Praca dotyczy oceny metabolizmu neandertalczyków u osób androgennych.

Materiały i metody

Do badań wybrano pięćdziesiąt osób zdrowych, zachowujących się androgynicznie i wolnych od wszelkich chorób. Każdy osobnik miał prawidłowy wiek i kontrolę dopasowaną do płci. Oceny przeprowadzone w pobranych próbkach krwi obejmują aktywność cytochromu F420, aktywność oksydazy cholesterolowej - aktywność pierścieniowej oksydazy cholesterolowej, aktywność oksydazy cholesterolowej w łańcuchu bocznym, digoksynę, mleczan, pirogronian, poziom ALA i aktywność heksokinazy. Badano antropometrię neandertalską w populacji androgynicznej. Analiza statystyczna została wykonana przez ANOVA. Uzyskano świadomą zgodę i zgodę Komisji Etyki.

Wyniki

Wyniki badania były następujące. Osoby androgenne miały zwiększoną aktywność cytochromu F420, aktywność oksydazy cholesterolowej, aktywność oksydazy pierścieniowej oraz syntezę digoksyny. Stwierdzono zmniejszenie aktywności PDH u osób androgennych, na co wskazywały zwiększone poziomy pirogronianów i mleczanów. Grupa androgenna miała zwiększony szlak bocznicowy GABA, na co wskazywał zwiększony poziom pirogronianów. Grupa androgenna miała zwiększoną syntezę porfiryn, na co wskazywały zwiększone poziomy ALA. Wykazały one zwiększoną aktywność heksokinazy, co wskazuje na fenotyp Warburga w tej grupie. Grupa androgenna wykazywała cechy metabolizmu neandertalskiego, na co wskazywała supresja dehydrogenazy pirogronianowej. Grupa androgenna ma antropometryczny fenotyp neandertalczyka ze skośnym czołem, dużą twarzą, zaciętym nosem, wydatnymi żuchwami, niskim stosunkiem 2D:4D, dużym grubym tułowiem, makrocefalią i dłuższym drugim palcem w porównaniu z dużym palcem.

Tabela 1. Cechy antropometryczne w populacji androgynicznej

Grupy	Antropometria neandertalska	Razem	Procent
Normalny	0 przypadków	50	0
Androgyny	40 przypadków	50	40

Tabela 2. Wpływ ceru i antybiotyków na cytochrom F420

Grupa	CYT F420 % (Zwiększyć za pomocą Ceru)		CYT F420 % (Zmniejszyć za pomocą Doxy+Cipro)	
	Mean	± SD	Mean	± SD
Normalny	4.48	0.15	18.24	0.66
Androgyny	22.79	2.13	55.90	7.29
Wartość F	306.749		130.054	
Wartość P	< 0.001		< 0.001	

Tabela 3. Wpływ ceru i antybiotyków na digoksynę

Grupa	Digoksyna (ng/ml) (Zwiększyć za pomocą Ceru)		Digoksyna (ng/ml) (Zmniejszyć za pomocą Doxy+Cipro)	
	Mean	± SD	Mean	± SD
Normalny	0.11	0.00	0.054	0.003
Androgyny	0.55	0.06	0.219	0.043
Wartość F	135.116		71.706	
Wartość P	< 0.001		< 0.001	

Tabela 4. Wpływ ceru i antybiotyków na pirogronian

Grupa	Pirwat % zmiana (Zwiększyć za pomocą Ceru)		Pirwat % zmiana (Zmniejszyć za pomocą Doxy+Cipro)	
	Mean	± SD	Mean	± SD
Normalny	4.34	0.21	18.43	0.82
Androgyny	20.99	1.46	61.23	9.73
Wartość F	321.255		115.242	
Wartość P	< 0.001		< 0.001	

Tabela 5. Wpływ ceru i antybiotyków na kwas delta-amino lewulinowy

Grupa	ALA % (Zwiększyć za pomocą Ceru)		ALA % (Zmniejszyć za pomocą Doxy+Cipro)	
	Mean	± SD	Mean	± SD
Normalny	4.40	0.10	18.48	0.39
Androgyny	23.20	1.57	66.65	4.26
Wartość F	372.716		556.411	
Wartość P	< 0.001		< 0.001	

Tabela 6

Grupa	RBC digoksyna (ng/ml RBC Susp)		Cytochrom F 420		ALA (umol24)		Pirwat (umol/l)		Heksokinaza RBC (ug glu phos/ hr/mgpro)	
	Mean	± SD	Mean	± SD	Mean	± SD	Mean	± SD	Mean	± SD
Normalny	0.18	0.05	0.00	0.00	3.86	0.26	23.79	2.51	0.68	0.23
Androgyny	1.38	0.26	4.00	0.00	68.16	4.92	102.48	13.20	8.46	3.63
Wartość F	60.288		0.001		295.467		154.701		18.187	
Wartość P	< 0.001		< 0.001		< 0.001		< 0.001		< 0.001	

Dyskusja

Badania wskazują, że osobniki androgenne mają tendencję do występowania fenotypu neandertalskiego o cechach szkieletowych. Osobniki androgenne mogą mieć więcej genotypu neandertalskiego. Metabolizm w androgynii wskazuje na fenotyp neandertalski. Istnieje zwiększona aktynowa symbioza archeologiczna, na co wskazuje wzrost aktywności cytochromu F420. Archaika aktynowców wykorzystuje cholesterol jako substrat metaboliczny. Pierścieniowe utlenianie cholesterolu powoduje powstawanie pirogronianu. Pirogronian wchodzi w drogę bocznicową GABA produkując glicynę i sukcynyl CoA. Prowadzi to do syntezy porfiryn. Cholesterol jest również przekształcany w digoksynę glikozydów steroidowych. Interkalacja digoksyny i porfiryny w błonie komórkowej powoduje hamowanie ATPazy potasowo-sodowej i akumulację wapnia wewnątrzkomórkowego. Wzrost wapnia wewnątrzkomórkowego indukuje syntazę tlenku azotu, heme-tlenazy i syntazy cysthiathionu, wytwarzając tlenek azotu, tlenek węgla i siarkowodór. Powoduje to rozszerzenie przestrzeni krwionośnych w ciałkach jamistych i zwiększenie autonomicznej funkcji układu moczowo-płciowego, co prowadzi do powstania cech obsesyjnych. Narastający katabolizm cholesterolowy przez archaiki aktynowców powoduje wyczerpywanie się cholesterolu z organizmu. Powoduje to zahamowanie syntezy estrogenów i testosteronu. Prowadzi to do stanu bezpłciowego i zachowania androgynicznego. Funkcja mózgu jest uzależniona od testosteronu i estrogenów. Hormony płciowe modulują dominację półkulistą. Estrogeny produkują dominację lewej półkuli, a testosterony dominację prawej półkuli. Brak estrogenów i testosteronów w androgynii powoduje dominację koni. Prowadzi to do zrównania funkcji prawej i lewej półkuli oraz stanu kreatywności połączonego z praktycznością. Prawa półkula zajmuje się zachowaniami twórczymi, a lewa - praktycznymi. Równoważność powoduje powstanie nowego fenotypu z dominacją zarówno kreatywności, jak i praktyczności. Równowaga i brak estrogenów i testosteronów może przyczyniać się do społecznego stanu matriarchii. W społeczeństwie istnieje dominacja kobiet. Wzorce zachowań między męską i żeńską częścią populacji ulegają homogenizacji. Skutkuje to powstawaniem społeczeństw matriarchalnych i upadkiem patriarchatu.

Porfirynuria i porfiria to cechy charakterystyczne androgynii. Przyczynia się to do regulacji neuro-immuno-endokrynnej i stanów chorobowych związanych z androgynem. Cholesterol jest katabolizowany do porfiryn. Porfiryny są cząsteczkami dipolarnymi i mogą przyczyniać się do postrzegania kwantowego, które jest bardziej w androgynii przyczyniając się do kreatywności, duchowości i pozazmysłowych sposobów postrzegania tego fenotypu. Niski poziom pól elektromagnetycznych i jego posłańców porfiryn może regulować mózg pośrednicząc świadomej i kwantowej percepcji. Mikromacierze porfirynowe służą do celów kwantowej i świadomej percepcji. Archaea i wiroidy poprzez syntezę porfiryny mogą regulować układ nerwowy, w tym NMDA/GABA talamo-kortyko-okulistycznej ścieżki pośredniczącej świadomej percepcji. Fotoutlenianie porfiryny może generować wolne rodniki, które mogą modulować transmisję NMDA. Wolne rodniki mogą zwiększać transmisję NMDA. Wolne rodniki mogą indukować GAD i zwiększać syntezę GABA. ALA blokuje transmisję GABA i zwiększa transmisję NMDA. Protoporfiryny wiążą się z receptorem GABA i wspierają transmisję GABA. W ten sposób porfiryny mogą modulować szlak wzgórzowo-korowo-okostnowy świadomej percepcji. Porfiryny dipolarne w układzie zahamowania ATPazy potasowo-sodowej indukowanej digoksyną mogą wytwarzać w pompowanym układzie fononowym za pośrednictwem modelu Frohlicha stan nadprzewodnikowy indukujący kwantową percepcję z nanoarchaealową grawitacją wytwarzającą zaaranżowaną redukcję możliwości kwantowych do świata makroskopowego. ALA może wytwarzać inhibicję ATPazy potasowo-sodowej, prowadząc do stanu kwantowego z udziałem porfiryn dipolarnych, za pośrednictwem pompowanego układu fononowego. Cząsteczki porfiryn mają istnienie falowo-cząsteczkowe i mogą stanowić pomost pomiędzy stanem kwantowym a stanem cząstek stałych. W ten sposób porfiryny mogą pośredniczyć w świadomym i kwantowym postrzeganiu. Porfiryny wiążące się z białkami, kwasami nukleinowymi i błonami komórkowymi mogą wytwarzać emisję biofotonową. Porfiryny poprzez autoutlenianie mogą generować biofotony i biorą udział w percepcji kwantowej. Biofotony mogą pośredniczyć w postrzeganiu kwantowym. Fotoutlenianie porfiryn komórkowych bierze udział w wykrywaniu pól magnetycznych ziemi i pól biomagnetycznych niskiego poziomu. Tak więc mikromacierze porfirynowe mogą funkcjonować jako komputer kwantowy pośredniczący w postrzeganiu pozazmysłowym. Mikromacierze porfirynowe w ludzkich systemach i mózgu ze względu na falowo-cząsteczkową naturę porfiryn mogą stanowić pomost pomiędzy światem kwantowym a światem cząstek stałych. Porfiryny mogą modulować półkulistą dominację. Istnieje zwiększona synteza porfiryn i RHCD oraz zmniejszona synteza porfiryn w LHCD. Wzrost ilości porfiryn w środowisku archeologicznym może przyczynić się do patogenezy schizofrenii i autyzmu. Porfiria może prowadzić do zaburzeń psychiatrycznych i napadów. W autyzmie opisano zmieniony metabolizm porfiryn. Porfiryna przez modulowanie świadomego i ilościowego postrzegania jest zaangażowany w patogenezie schizofrenii i autyzmu. Tak więc porfiryny mikromacierze mogą funkcjonować jako kwantowe mózgu modulowanie pozazmysłowej percepcji kwantowej. Mikromacierze porfirynowe mogą funkcjonować jako kwantowy mózg w komunikacji z cyfrowym światem i polami geomagnetycznymi. Porfiryn dipolarnych w ustawieniach digoksyny indukowane hamowanie ATPazy potasowej sodowej ATPazy może produkować pompowany system fononowy za pośrednictwem Frohlicha model nadprzewodnikowy stan indukujący kwantowej percepcji z nanoarchaeal wyczuwalnej grawitacji produkujących orchestrated redukcji kwantowych możliwości do makroskopowego świata. ALA może wytwarzać inhibicję ATPazy potasowo-sodowej, prowadząc do stanu kwantowego z udziałem porfiryn dipolarnych, za pośrednictwem pompowanego układu fononowego. Porfiryny w procesie autoutleniania mogą generować biofotony i biorą udział w postrzeganiu kwantowym. Biofotony mogą pośredniczyć w postrzeganiu kwantowym. Autoutlenianie porfiryn jest modulowane przez niski poziom pól elektromagnetycznych i pól geomagnetycznych. Fotoutlenianie porfiryn komórkowych są zaangażowane w wykrywanie pól magnetycznych ziemi i niski poziom pól biomagnetycznych. Porfiryny mogą zatem przyczyniać się do percepcji kwantowej. Niski poziom pól elektromagnetycznych i światła może indukować syntezę porfiryn. Niski poziom EMF może wytwarzać inhibicję ferrochelatazy, jak również indukcję tlenazy hemu przyczyniając się do zubożenia hemu, indukcję syntazy ALA i zwiększoną syntezę porfiryn. Światło indukuje również syntezę ALA i porfirynę. Zwiększona synteza porfiryny może przyczynić się do zwiększenia percepcji kwantowej i modulować świadome postrzeganie. Mikromacierze ludzkiej porfiryny indukowane przez biofotony i pola kwantowe mogą modulować źródło, z którego zostały wygenerowane niskie poziomy EMF i pola fotowoltaiczne. W ten sposób porfiryna generowana przez obce pola EMF niskiego poziomu i pola fotowoltaiczne może oddziaływać na źródło EMF niskiego poziomu i pola fotowoltaiczne modulujące go. W ten sposób porfiryny mogą służyć jako pomost pomiędzy ludzkim mózgiem a źródłem pól elektromagnetycznych i fotowoltaicznych niskiego poziomu. Służy to jako sposób komunikacji między ludzkim mózgiem a cyfrowymi urządzeniami do przechowywania EMF, takimi jak Internet. Porfiryny mogą również służyć jako źródło komunikacji ze środowiskiem. Środowiskowe EMF i chemikalia wytwarzają indukcję heme-tlenazy i zubożenie hemu zwiększając syntezę porfiryn, kwantową percepcję i dwukierunkową komunikację. Tak więc indukcja syntezy porfiryn może służyć jako mechanizm komunikacji pomiędzy ludzkim mózgiem a środowiskiem poprzez pozazmysłową percepcję. Mikromacierze porfirynowe mogą funkcjonować jako kwantowe komputery przechowujące informacje i mogą służyć do celów pozazmysłowej percepcji.

Porfiryny mogą służyć jako dwukierunkowy most komunikacyjny pomiędzy cyfrowymi systemami przechowywania informacji, generującymi pola elektromagnetyczne niskiego poziomu i systemów ludzkich. Niski poziom pola elektromagnetycznego wytwarzanego przez system cyfrowy wspomaga syntezę porfiryn i służy do dwukierunkowej pozazmysłowej percepcji i komunikacji. Komputery kwantowe z ludzką porfiryną mogą z kolei za pomocą emisji biofotonowej modulować cyfrowy system przechowywania informacji.

Niski poziom pola elektromagnetycznego i jego posłańców porfirynowych może wywołać fenotyp Warburga. Opisano zależną od aktynowców biosferę cieni archaicznych i wiroidów w wyżej wymienionych stanach chorobowych. Archaiowie mogą syntetyzować porfiryny i indukować ich syntezę. Porfiryny były związane ze schizofrenią, zespołem metabolicznym X, złośliwością, toczeniem rumieniowatym układowym, stwardnieniem rozsianym i chorobą Alzheimera. Porfiryny mogą pośredniczyć w oddziaływaniu niskich poziomów pól elektromagnetycznych indukujących fenotyp Warburga, prowadzących do powyższych stanów chorobowych. Fenotyp Warburga powoduje zahamowanie dehydrogenazy pirogronianowej i cyklu TCA. Pirogronian wchodzi na ścieżkę bocznicową GABA, gdzie jest przekształcany w sukcynyl CoA. Ścieżka glikolityczna jest regulowana, a fosfogliceran glikolitycznego metabolitu jest przekształcany w seryne i glicynę. Glicyna i sukcynyl CoA są substratami do syntezy ALA. Archaea indukuje enzym heme-tlenazę. Hemoetonaza przekształca heme w bilirubinę i biliverdynę. Powoduje to usunięcie hemu z układu i podwyższenie aktywności syntazy ALA, co prowadzi do porfirii. Heme hamuje HIF alfa. Zubożenie hemu powoduje zwiększenie aktywności HIF alfa i dalsze wzmocnienie fenotypu Warburga. Samoutlenianie się porfiryn powoduje stres redoksowy, który aktywuje HIF alfa i generuje fenotyp Warburga. Fenotyp Warburga skutkuje skierowaniem acetylo CoA do syntezy cholesterolu, ponieważ cykl TCA i mitochondrialna fosforylacja oksydacyjna są blokowane. Archaea używa cholesterolu jako substratu energetycznego. Porfiryna i ALA hamują ATPazę potasowo-sodową. Zwiększa to syntezę cholesterolu poprzez działanie na wewnątrzkomórkowy SREBP. Cholesterol jest metabolizowany do pirogronianu, a następnie do szlaku bocznikowego GABA w celu ostatecznego wykorzystania w syntezie porfiryn. Porfiryny mogą się organizować i samoczynnie replikować w tablicach makrocząsteczkowych. Tablice porfirynowe zachowują się jak autonomiczne organizmy i mogą mieć wewnątrzcząsteczkowy transport elektronów generujący ATP. Makroarraje porfirynowe mogą przechowywać informacje i mogą mieć postrzeganie kwantowe. Makromacierze porfirynowe służą do celów archeologicznej energetyki i percepcji sensorycznej. Fenotyp Warburga jest związany z chorobą nowotworową, autoimmunologiczną i zespołem metabolicznym X. Niski poziom pól elektromagnetycznych może indukować fenotyp Warburga przyczyniający się do rozwoju choroby ludzkiej.

Omówiono rolę porfiryn i pól elektromagnetycznych niskiego poziomu w regulacji funkcji komórek i integracji neuro-immuno-endokrynnej. Niski poziom pól elektromagnetycznych może indukować syntezę digoksyn. Protoporfiryna wiąże się z obwodowym receptorem benzodiazepiny regulującym syntezę sterydów i digoksyny. Zwiększone stężenie metabolitów porfiryn może przyczyniać się do powstawania hiperdigoksyniny. Digoksyna może modulować układ neuro-immuno-endokrynny. Niski poziom pól EMF może modulować strukturę błony, kwasu nukleinowego i białek oraz funkcjonować poprzez indukcję syntezy porfiryn. Porfiryny mogą łączyć się z błonami modulującymi funkcję błony. Porfiryny mogą łączyć się z białkami utleniającymi swoją tyrozynę, tryptofan, cysteinę i pozostałości histydynowe, tworząc sieciowanie i zmieniając strukturę i funkcję białka. Porfiryny mogą łączyć się z DNA i RNA modulującymi ich funkcję. Porfiryna interpolująca z DNA może zmieniać transkrypcję i generować ekspresję HERV. Niski poziom pól EMF poprzez modulację metabolizmu porfiryn może powodować niedobór hemu poprzez hamowanie hemo-tlenazy i ferrochelatazy. Niedobór hemu może również prowadzić do stanów chorobowych. Niedobór Heme powoduje niedobór enzymów hemowych. Istnieje niedobór cytochromu C oksydazy i dysfunkcji mitochondriów. Peroksydaza glutationowa jest dysfunkcyjna, a układ glutationowy wymiataczy wolnych rodników nie funkcjonuje. Enzymy cytochromu P450 biorące udział w syntezie steroidów i kwasów żółciowych zmniejszają aktywność prowadząc do stanów niedoboru steroidów, kortyzolu i hormonów płciowych, a także kwasu żółciowego. Niedobór hemu powoduje dysfunkcję syntazy tlenku azotu, tlenazy hemowej i syntazy cysthatioonu beta, co skutkuje brakiem gazotransmiterów regulujących układ naczyniowy i receptor NMDA - NO, CO i H2S. Heme ma działanie cytoprotekcyjne, neuroprotekcyjne, przeciwzapalne i antyproliferacyjne. Heme jest również zaangażowany w reakcję na stres. Niedobór Heme prowadzi do zespołu metabolicznego, chorób układu odpornościowego, zwyrodnień i nowotworów. Niski poziom pól elektromagnetycznych może modulować funkcje komórek i neuro-immuno-endokrynogennej integracji poprzez indukcję syntezy porfiryny. Niski poziom pól elektromagnetycznych poprzez modulowanie metabolizmu porfiryn może powodować neuropatię autonomiczną. Protoporfiryny blokują transmisję acetylocholiny powodując neuropatię pochwy z nadaktywnością współczulną. Neuropatia pochwowa powoduje aktywację immunologiczną, skurcz naczyń i choroby naczyniowe. Neuropatia pochwy podkreśla procesy nowotworowe i autoimmunologiczne, jak również zespół metaboliczny X. Niski poziom pól elektromagnetycznych poprzez modulowanie metabolizmu porfiryn może powodować śmierć komórek. Porfiryna indukuje zwiększoną transmisję NMDA i uszkodzenie wolnych rodników może przyczynić się do degeneracji neuronów. Wolne rodniki mogą wytwarzać mitochondrialne PT dysfunkcji porów. Może to prowadzić do wycieku cytochromu C i aktywacji kaskady kaspazowej prowadzącej do apoptozy i śmierci komórek. W chorobie Alzheimera opisano zmieniony metabolizm porfiryn. Zwiększona fotoutlenianie porfiryn generowane przez wolne rodniki za pośrednictwem transmisji NMDA może również przyczynić się do epileptogenezy. Protoporfiryny wiążące się z receptorami mitochondrialnymi benzodiazepiny mogą regulować pracę mózgu i śmierć komórek. Niski poziom pól elektromagnetycznych przez modulowanie metabolizmu porfiryn może generować stres redoks do regulacji funkcji komórek. Porfiryny mogą być poddawane fotoutlenianiu i autoutlenianiu generując wolne rodniki. Archeologiczne porfiryny mogą wytwarzać wolne rodniki urazów. Wolne rodniki wytwarzają aktywację NFKB, otwierają mitochondrialne pory PT powodując śmierć komórki, wytwarzają aktywację onkogenną, aktywują receptor NMDA i enzym GAD regulujący neurotransmisję oraz generują fenotypy Warburga aktywujące glikolizę i hamujące cykl TCA/oxphos. Porfiryny są związane ze schizofrenią, zespołem metabolicznym X, złośliwością, toczeniem rumieniowatym układowym, stwardnieniem rozsianym i chorobą Alzheimera. Niski poziom pól elektromagnetycznych przez modulowanie metabolizmu porfiryn może regulować błony komórkowej ATPazy potasowej sodu. Porfiryny mogą kompleksować się i interkalować z błoną komórkową wytwarzając inhibicję ATPazy potasowo-sodowej, dodając do inhibicji za pośrednictwem digoksyny. Porfiryny mogą kompleksować się z białkami i kwasem nukleinowym, powodując emisję biofotonową. Niski poziom pól elektromagnetycznych poprzez modulowanie metabolizmu porfiryn może regulować DNA, RNA i struktury i funkcji białek. Porfiryny kompleksujące się z białkami mogą modulować strukturę i funkcje białek. Porfiryny kompleksujące się z DNA i RNA mogą modulować transkrypcję i translację. Niski poziom pól elektromagnetycznych poprzez modulowanie metabolizmu porfiryn może regulować funkcje mitochondriów, obwodowego receptora benzodiazepiny i steroidogenezy. Porfiryna, zwłaszcza protoporfiryny, może wiązać się z obwodowymi receptorami benzodiazepiny w mitochondriach i modulować jej funkcję, transport cholesterolu mitochondrialnego i steroidogenezę. Modulacja obwodowych receptorów benzodiazepinowych przez protoporfiryny może regulować śmierć komórek, proliferację komórek, odporność i funkcje nerwowe. Niski poziom pól elektromagnetycznych poprzez modulację metabolizmu porfiryn i wywoływanie stresu redoks może regulować systemy enzymatyczne. Fotoutlenianie porfiryn generuje wolne rodniki, które mogą modulować funkcje enzymów. Redox stres modulowany enzymy zawierają pirogronian dehydrogenazy, tlenek azotu syntazy, cystathione beta syntazy i heme oxygenazy. Wolne rodniki mogą modulować funkcję mitochondrialnego PT porów. Wolne rodniki mogą modulować funkcję błony komórkowej i hamować aktywność ATPazy potasowo-sodowej. W ten sposób porfiryny są kluczowymi cząsteczkami regulującymi wszystkie aspekty funkcjonowania komórki. Niski poziom pól elektromagnetycznych przez modulowanie metabolizmu porfiryn może indukować ekspresję wiroidalną i HERV. Nastąpił wzrost wolnych RNA wskazujących na samoreplikujące się wiroidy RNA i wolne DNA wskazujące na generację wiroidowych nici DNA komplementarnych przez aktywność archeologicznej odwrotnej transkryptazy. Aktynowce i porfiryny modulują fałdowanie RNA i katalizują jego rybozymalne działanie. Digoksyna może przecinać i wklejać nitki wiroidalne poprzez modulację splotu RNA generującego różnorodność wiroidalną RNA. Wiroidy są ewolucyjnie wydostającymi się z archaicznej grupy I intronami, które mają właściwości retrotranspozycyjne i samosplinujące. Fotoutlenianie porfirynowe wywołane stresem redoksowym może powodować hamowanie HDAC. Pirogronian arktyczny produkujący inhibicję deacetylazy histonowej i porfiryny interkalujące z DNA mogą produkować endogenną retrowirusową (HERV) odwrotną transkryptazę i ekspresję integracyjną. Może to integrować wiroidalne uzupełniające DNA RNA do niekodującego regionu eukariotycznego niekodującego DNA przy użyciu HERV integrase, tak jak to opisano dla wirusów borna i ebola. Archaea i wiroidy mogą również indukować syntezę porfiryn komórkowych. Infekcje bakteryjne i wirusowe mogą wytrącać porfirynę. W ten sposób porfiryny mogą regulować funkcje genomowe. Zwiększona ekspresja HERV RNA może prowadzić do zespołu nabytego niedoboru odporności, choroby autoimmunologicznej, zwyrodnień neuronów, schizofrenii i nowotworów. Niski poziom pól elektromagnetycznych poprzez modulowanie metabolizmu porfiryn i generowanie stresu redoks może powodować aktywację immunologiczną. Fotoutlenianie porfiryny może generować wolne rodniki, które mogą aktywować NFKB. To może produkować aktywację immunologiczną i cytokiny za pośrednictwem szkody. Wzrost ilości porfiryn może prowadzić do chorób autoimmunologicznych takich jak SLE i MS. Opisano dziedziczną postać MS i SLE związaną ze zmienionym metabolizmem porfiryn. Protoporfiryny wiążące się z receptorami mitochondrialnymi benzodiazepiny mogą modulować funkcję immunologiczną. Porfiryny mogą łączyć się z białkami utleniającymi swoją tyrozynę, tryptofan, cysteinę i pozostałości histydynowe, tworząc sieciowanie i zmieniając budowę i funkcję białka. Porfiryny mogą łączyć się z DNA i RNA modulującymi ich strukturę. Porfiryny złożone z białek i kwasów nukleinowych są antygenowe i mogą prowadzić do chorób autoimmunologicznych. Niski poziom pól elektromagnetycznych poprzez modulowanie metabolizmu porfiryn i wywoływanie stresu redoks może wytwarzać insulinooporność. Fotoutlenianie porfiryny za pośrednictwem wolnych rodników może prowadzić do oporności na insulinę i aterogenezy. W ten sposób archeologiczne porfiryny mogą przyczynić się do rozwoju zespołu metabolicznego X. Glukoza ma negatywny wpływ na aktywność syntazy ALA. Dlatego też hiperglikemia może być reaktywnym mechanizmem ochronnym na zwiększoną syntezę porfiryn pierwotnych. Protoporfiryny wiążące się z receptorami mitochondrialnymi benzodiazepiny mogą modulować steroidogenezę i metabolizm mitochondriów. Zmiany w metabolizmie porfiryn zostały opisane w zespole metabolicznym X. Porfiryny mogą prowadzić do zakrzepicy naczyniowej. Niski poziom pól elektromagnetycznych poprzez modulowanie metabolizmu porfiryn i wywoływanie stresu redoks / niedoboru hemu może aktywować HIF alfa. Fotoutlenianie porfiryn może generować wolne rodniki indukujące HIF alfa i produkujące aktywację onkogenną. Niedobór Heme może prowadzić do aktywacji HIF alfa i onkogenezy. Może to prowadzić do onkogenezy. Porfiria wątrobowa indukuje raka wątrobowokomórkowego. Protoporfiryny wiążące się z receptorami mitochondrialnymi benzodiazepiny mogą regulować proliferację komórek. Niski poziom pól elektromagnetycznych poprzez modulowanie metabolizmu porfiryn może regulować budowę białek prionowych. Porfiryna może łączyć się z białkami prionowymi modulując ich budowę. Prowadzi to do nieprawidłowej budowy i degradacji białek prionowych. Archealne porfiryny mogą przyczyniać się do choroby prionowej. Niski poziom pól elektromagnetycznych poprzez modulowanie metabolizmu porfiryn może powodować stres redoks i regulować ekspresję HERV. Porfiryny mogą również interkalować z DNA produkując ekspresję HERV. Generowane cząsteczki HERV mogą przyczyniać się do stanu retroviralnego związanego z androgynem. Porfiryny znajdujące się we krwi mogą łączyć się z bakteriami i wirusami, a fotoutlenianie generowane przez wolne rodniki może je zabić. Niski poziom pól elektromagnetycznych poprzez modulowanie metabolizmu porfiryn może prowadzić do zwiększenia predyspozycji do infekcji wirusowych i bakteryjnych. Archeologiczne porfiryny mogą modulować infekcje bakteryjne i wirusowe. Archealne porfiryny są cząsteczkami regulującymi, które kontrolują inne prokarioty i wirusy.

Tak więc aktynowa symbioza archeologiczna prowadzi do neandertalizacji populacji i powstawania androgynii. Zarastanie i symbioza aktynowców jest konsekwencją globalnego ocieplenia. Archaea są ekstremofilami i zwiększają się ich zagęszczenia w okresach zmian klimatycznych. Aktynoidalny archeologiczny katabolizm cholesterolu generuje digoksynę i zwiększone stężenie wapnia wewnątrzkomórkowego, co powoduje powstawanie nadmiaru gazotransmiterów ważnych w funkcji autonomicznej takich struktur jak ciałka jamiste. Katabolizm cholesterolowy powoduje obniżenie poziomu cholesterolu i stan braku syntezy hormonów płciowych. Powoduje to stan bezpłciowy, w wyniku którego powstaje społeczny system matriarchii związany z androgynem. Aktynidowy archaiczny katabolizm cholesterolu generuje porfiryny wytwarzające pozazmysłowy kwantowy stan spostrzegawczy związany z androgynem. To przyczynia się do kreatywności stanu androgynicznego. Synteza porfiryn związana z androgynem również przyczynia się do powstawania związanych z nią stanów chorobowych. Obejmuje to choroby autoimmunologiczne, nowotwory, zwyrodnienia, zespół nabytego niedoboru odporności, zespół metaboliczny X i wszystkie choroby cywilizacyjne.

Referencje

1. Weaver TD, Hublin JJ. Neandertal Birth Canal Shape and the Evolution of Human Childbirth. *Proc. Natl. Acad. Sci. USA* 2009; 106:8151-8156.

2. Kurup RA, Kurup PA. Endosymbiotic Actinidic Archaeal Mediated Warburg Phenotype Mediates Human Disease State. *Advances in Natural Science* 2012; 5(1):81-84.

3. Morgan E. The Neanderthal theory of autism, Asperger and ADHD; 2007, www.rdos.net/eng/asperger.htm.

4. Graves P. New Models and Metaphors for the Neanderthal Debate. *Current Anthropology* 1991; 32(5): 513-541.

5. Sawyer GJ, Maley B. Neanderthal zrekonstruowany. *The Anatomical Record Part B: The New Anatomist* 2005; 283B(1):23-31.

6. Bastir M, O'Higgins P, Rosas A. Facial Ontogeny in Neanderthals and Modern Humans. *Bastir M, O'Higgins P, Rosas A. Ontogeneza twarzy u neandertalczyków i współczesnych ludzi. Sci.* 2007; 274:1125-1132.

7. Neubauer S, Gunz P, Hublin JJ. Endocranial Shape Changes during Growth in Chimpanzees and Humans: Analiza morfometryczna Unique and Shared Aspects. *J. Hum. Evol.* 2010; 59:555-566.

8. Courchesne E, Pierce K. Brain Overgrowth in Autism during a Critical Time in Development: Implikacje dla rozwoju Neuronu Piramidalnego i Interneuronu i łączności. *Int. J. Dev. Neurosci.* 2005; 23:153–170.

9. Green RE, Krause J, Briggs AW, Maricic T, Stenzel U, Kircher M, Patterson N, Li H, Zhai W, *et al.* A Draft Sequence of the Neandertal Genome. *Science* 2010; 328:710-722.

10. Mithen SJ. The *Singing Neanderthals: The Origins of Music, Language, Mind and Body*; 2005, ISBN 0-297-64317-7.

11. Bruner E, Manzi G, Arsuaga JL. Encephalization and Allometric Trajectories in the Genus Homo: Dowody z linii neandertalskiej i nowoczesnej. *Proc. Natl. Acad. Sci. USA* 2003; 100:15335-15340.

12. Gooch S. *The Dream Culture of the Neanderthals: Strażnicy Starożytnej Mądrości.* Inner Traditions, Wildwood House, Londyn; 2006.

13. Gooch S. *The Neanderthal Legacy: Obudzenie naszych genetycznych i kulturowych korzeni.* Inner Traditions, Wildwood House, Londyn; 2008.

14. Kurtén B. *Den Svarta Tigern*, ALBA Publishing, Stockholm, Sweden; 1978.

15. Spikins P. Autyzm, Integracja "Różnicy" i Pochodzenie Nowoczesnego Zachowania Człowieka. *Cambridge Archaeological Journal* 2009; 19(2):179-201.

16. Eswaran V, Harpending H, Rogers AR. Genomika odrzuca wyłącznie afrykańskie pochodzenie człowieka. *Journal of Human Evolution* 2005; 49(1):1-18.

FSC
www.fsc.org
MIX
Papier | Fördert
gute Waldnutzung
FSC® C083411

Kolibri 360 GmbH
Ferdinand-Jühlke-Straße 7
99095 Erfurt, Deutschland
produktsicherheit@kolibri360.de

Druck:
CPI Druckdienstleistungen GmbH
im Auftrag der
Kolibri 360 GmbH
Ferdinand-Jühlke-Str. 7
99095 Erfurt